高职高专电子信息类专业"十二五"课改规划教材

# 基于 PROTEUS 电路及单片机仿真教程

主　编　熊建平

副主编　马鲁娟　李益民

西安电子科技大学出版社

# 内 容 简 介

PROTEUS 是目前最先进的原理图设计与仿真平台之一，它在计算机上实现了电路原理图设计、调试及仿真、系统测试与功能验证，到形成 PCB 的完整设计研发过程。与其它 EDA 工具相比，PROTEUS 具备独一无二的系统仿真功能。

本书共分为 7 章，内容包括 PROTEUS 概述、PROTEUS 从概念到产品的快速设计过程、PROTEUS 虚拟仿真工具、基于 PROTEUS ISIS 的电路仿真、基于 PROTEUS ISIS 的模拟电路仿真、基于 PROTEUS ISIS 的数字电路仿真、基于 PROTEUS ISIS 的单片机电路仿真。

本书可作为高等职业院校电子信息类、机电类专业与职工大学、函授大学、电视大学等相关专业的教材，也可作为有关工程技术人员的参考书，还可作为 PROTEUS 培训教材和 PROTEUS 爱好者的自学参考书。

**图书在版编目（CIP）数据**

基于 PROTEUS 电路及单片机仿真教程/熊建平主编. —西安：西安电子科技大学出版社，2013.1
高职高专电子信息类专业"十二五"课改规划教材
ISBN 978-7-5606-2972-8

Ⅰ. ① 基… Ⅱ. ① 熊… Ⅲ. ① 单片微型计算机—系统仿真—应用软件—高等学校—教材
Ⅳ. ① TP368.1

**中国版本图书馆 CIP 数据核字(2013)第 002901 号**

| | |
|---|---|
| 策　　划 | 毛红兵 |
| 责任编辑 | 许青青　毛红兵 |
| 出版发行 | 西安电子科技大学出版社(西安市太白南路 2 号) |
| 电　　话 | (029)88242885　88201467　　邮　编　710071 |
| 网　　址 | www.xduph.com　　　　电子邮箱　xdupfxb001@163.com |
| 经　　销 | 新华书店 |
| 印刷单位 | 西安文化彩印厂 |
| 版　　次 | 2013 年 1 月第 1 版　　2013 年 1 月第 1 次印刷 |
| 开　　本 | 787 毫米×1092 毫米　1/16　印 张　12.5 |
| 字　　数 | 289 千字 |
| 印　　数 | 1～3000 册 |
| 定　　价 | 25.00 元 |

ISBN 978-7-5606-2972-8/TP

XDUP 3264001-1

# 序

PROTEUS 仿真平台进入中国已经有 7 年了，作为一款系统设计仿真开发软件，它为电子技术、单片机、嵌入式系统的教学、实验与实训提供了一个统一的平台，极大地影响了中国电子技术专业的教学模式，其成果得到了中国教育界的广泛好评。

深圳职业技术学院作为中国职业教育的龙头，多年前就开始探讨、研究 PROTEUS 仿真软件应用于电子技术与单片机课程教学的可行性，并最终建立了工业中心的 PROTEUS 仿真实验室。该实验室为中心的教学创新和学生的课堂内外学习提供了良好的平台环境。

本书写作团队作为一线的电子信息类专业教师，在长期的教学实践中一直探索将 PROTEUS 用于教学、实验与实训等环节的实现模式，并积累了丰富的经验与资源。

本书详细介绍了 PROTEUS 从原理图设计、电路仿真、系统仿真到 PCB 设计全过程的应用技巧，并将电路基础、数字电路、模拟电路、单片机等课程内容融汇到仿真实训中，既适合作为教材，又可作为 PROTEUS 培训用书或参考书。

感谢作者们的辛勤劳动，祝贺本书顺利出版！作为 Labcenter 在中国区的合作伙伴，风标电子将一如既往地为广大用户提供技术支持与服务。

广州市风标电子技术有限公司总经理

匡载华

2012 年 12 月

# 前　言

PROTEUS 软件是由英国 Labcenter Electronics 公司开发的 EDA 工具软件，是一个集电路基础、模拟电路、数字电路、模数混合电路以及多种微控制器系统为一体的系统设计和仿真平台，是目前世界上最先进、最完整的电子类仿真平台之一。

《基于 PROTEUS 电路及单片机仿真教程》是电子信息类等专业学生学习电路基础、模拟电子技术、数字电子技术、单片机应用技术等课程的参考书，是编者总结多年的教学体会和经验而编写的。

本书共分为 7 章。其中，第 1 章为 PROTEUS 概述，介绍 PROTEUS 软件的安装及编辑环境和系统环境的个性化设置；第 2 章以流水控制灯电路为实例详细介绍 PROTEUS 从概念到产品的快速设计过程，包括原理图设计及 PCB 设计；第 3 章详细介绍 PROTEUS 虚拟仿真工具，包括激励源、虚拟仪器、探针及仿真图表等；第 4 章介绍基于 PROTEUS ISIS 的电路仿真；第 5 章介绍基于 PROTEUS ISIS 的模拟电路仿真；第 6 章介绍基于 PROTEUS ISIS 的数字电路仿真，并结合 PROTEUS ISIS 进行模数课程设计；第 7 章介绍基于 PROTEUS ISIS 的单片机电路仿真，并结合 PROTEUS ISIS 进行单片机课程设计。附录 A 和附录 B 分别是 PROTEUS 元件库及 PROTEUS 常用元件中英文对照表。

本书的内容体系安排灵活，将理论教学与 PROTEUS 实践教学融于一体，突出教、学、做的教学模式。在教学中，既可以让学生先学理论知识再做对应的实训仿真项目，也可以先做实训仿真项目让学生有感性认识，从中引导出相关的理论问题，激发出学生"解决"这些问题的欲望，继而展开基础理论教学，保证理论教学与实践教学同步进行。

本书内容新颖，操作简单，取材恰当，满足 PROTEUS 仿真课程的教学要求，重点突出 PROTEUS 的仿真技术，书中选取了大量的实训项目供读者选用。在系统学习完模数和单片机课程之后，可选用本书的课程设计实例对课程进行系统总结设计，这对课程理解是极大的补充。书中电路图均在 PROTEUS 软件中绘制而成，由于软件的特殊性，图中部分元器件以及单位与国标不符，请读者在使用中加以注意。

本书学时数为 50～70，具体安排如下：第 1 章 2～4 学时，第 2 章 4～6 学时，第 3 章 6～12 学时，第 4 章 8～10 学时，第 5 章 10～12 学时，第 6 章 10～12 学时，第 7 章 10～14 学时，使用者可根据具体情况增减学时。

本书由深圳职业技术学院电子技术基础教研室的老师编写。熊建平老师编写第 1 章、第 2 章、第 3 章、第 5 章、第 6 章以及附录 A 和附录 B，并负责总体策划、电路图绘制及全书统稿工作；李益民老师编写第 4 章；熊建平和马鲁娟老师共同编写第 7 章；陶健贤、冯裕和朱什俊三位老师对本书的所有实训仿真进行了验证。

为方便读者学习，本书配备了一张多媒体光盘，光盘中收集了书中所有仿真原图、单片机源程序、工具软件等内容。

本书在编写过程中得到了深圳职业技术学院王瑾、何惠琴、刘丽莎、宋志家等，广州市风标电子技术有限公司总经理匡载华，以及西安电子科技大学出版社毛红兵、许青青的大力帮助，在此向为本书出版作出贡献的朋友们表示衷心的感谢。

由于编者水平有限，书中可能存在一些疏漏和不妥之处，恳请广大读者积极提出批评和改进意见。

编 者
2012 年 10 月

# 目　录

第 1 章　PROTEUS 概述 ................................................................................................................1

1.1　PROTEUS 简介 .....................................................................................................................1

1.2　PROTEUS 的安装 .................................................................................................................3

　　1.2.1　安装环境 .....................................................................................................................3

　　1.2.2　安装步骤 .....................................................................................................................3

　　1.2.3　产品升级 .....................................................................................................................6

1.3　PROTEUS 7.8 编辑环境 .......................................................................................................7

　　1.3.1　PROTEUS 编辑环境简介 ...........................................................................................7

　　1.3.2　PROTEUS 编辑环境设置 ...........................................................................................8

1.4　PROTEUS 7.8 系统环境 .......................................................................................................9

　　1.4.1　环境设置 .....................................................................................................................9

　　1.4.2　快捷键设置 ...............................................................................................................10

　　1.4.3　路径设置 ...................................................................................................................10

　　1.4.4　图纸大小设置 ...........................................................................................................11

　　1.4.5　动画选项设置 ...........................................................................................................11

第 2 章　PROTEUS 从概念到产品的快速设计过程 ..............................................................13

2.1　PROTEUS ISIS 电路原理图设计 .......................................................................................13

　　2.1.1　PROTEUS ISIS 电路原理图设计步骤 .....................................................................13

　　2.1.2　PROTEUS ISIS 绘图工具栏 .....................................................................................22

2.2　PROTEUS ARES PCB 设计 ...............................................................................................25

第 3 章　PROTEUS 虚拟仿真工具 ..........................................................................................35

3.1　激励源 ..................................................................................................................................35

　　3.1.1　直流电源(DC)设置方法 ...........................................................................................36

　　3.1.2　正弦波发生器(SINE)设置方法 ...............................................................................37

　　3.1.3　脉冲发生器(PULSE)设置方法 ................................................................................38

　　3.1.4　数字时钟信号发生器(DCLOCK)设置方法 ............................................................39

3.2　虚拟仪器 ..............................................................................................................................41

　　3.2.1　示波器(OSCILLOSCOPE) ........................................................................................41

　　3.2.2　定时/计数器(COUNTER TIMER) ............................................................................43

　　3.2.3　信号发生器(SIGNAL GENERATOR) ......................................................................46

　　3.2.4　逻辑分析仪(LOGIC ANALYSER) ...........................................................................47

　　3.2.5　电压表和电流表(VOLTMETER & AMMETER) .....................................................49

3.3　探针与仿真图表 ..................................................................................................................50

    3.3.1   探针 ........................................................................................ 51

    3.3.2   仿真图表 ................................................................................ 52

**第 4 章   基于 PROTEUS ISIS 的电路仿真** ........................................... 58

  4.1   戴维南定理实训 ......................................................................... 58

  4.2   叠加定理实训 ............................................................................. 59

  4.3   基尔霍夫电压电流定律实训 ..................................................... 61

  4.4   RC 移相电路实训 ....................................................................... 61

  4.5   LC 串联谐振电路实训 ............................................................... 63

  4.6   RC 微分、积分及耦合电路实训 ............................................... 65

  4.7   继电器电路实训 ......................................................................... 67

**第 5 章   基于 PROTEUS ISIS 的模拟电路仿真** ................................... 69

  5.1   二极管应用电路测试实训 ......................................................... 69

  5.2   共射放大电路实训 ..................................................................... 73

  5.3   集成负反馈放大电路实训 ......................................................... 75

  5.4   反相比例运算放大电路实训 ..................................................... 77

  5.5   滞回电压比较器实训 ................................................................. 79

  5.6   正弦波振荡器电路实训 ............................................................. 81

  5.7   低频功率放大电路实训 ............................................................. 84

  5.8   直流稳压电源电路实训 ............................................................. 86

**第 6 章   基于 PROTEUS ISIS 的数字电路仿真** ................................... 91

  6.1   逻辑门电路的功能测试实训 ..................................................... 91

  6.2   简单抢答器实训 ......................................................................... 92

  6.3   由触发器构成的改进型抢答器实训 ......................................... 93

  6.4   555 定时器应用实训 ................................................................. 94

  6.5   编译码及数码管显示实训 ......................................................... 98

  6.6   分频器的制作实训 ..................................................................... 99

  6.7   异步计数器的级联实训 ............................................................. 100

  6.8   电子秒表实训 ............................................................................. 101

  6.9   计数及译码显示电路实训 ......................................................... 103

  6.10  编程器应用实训 ......................................................................... 104

  6.11  GAL 编程入门实训 ................................................................... 106

    6.11.1  GAL 简介 ............................................................................. 106

    6.11.2  WinCupl 编辑软件的使用 ................................................. 106

    6.11.3  GAL 编程实训 ................................................................... 108

  6.12  模数课程设计 ............................................................................. 110

    6.12.1  密码电子锁 ......................................................................... 110

6.12.2 数字钟 ........................................................................................................ 111

6.12.3 多模式彩灯 ................................................................................................ 113

6.12.4 数字频率计 ................................................................................................ 115

**第 7 章 基于 PROTEUS ISIS 的单片机电路仿真** .............................................. 119

7.1 单片机最小系统实训 ...................................................................................... 119

7.2 模拟汽车转向灯控制实训 .............................................................................. 121

7.3 基于 LED 数码管的简易秒表设计实训 .......................................................... 123

7.4 电子广告牌实训 .............................................................................................. 125

7.5 数码管动态显示实训 ...................................................................................... 128

7.6 中断扫描方式的矩阵式键盘设计实训 .......................................................... 131

7.7 模拟交通灯控制实训 ...................................................................................... 136

7.8 液晶显示控制实训 .......................................................................................... 140

7.9 A/D 转换接口技术实训 .................................................................................. 144

7.10 D/A 转换接口技术实训 ................................................................................ 147

7.11 双机通信技术实训 ........................................................................................ 149

7.12 单片机课程设计 ............................................................................................ 153

7.12.1 数字频率计 ................................................................................................ 153

7.12.2 波形发生器 ................................................................................................ 157

7.12.3 多功能电子万年历 .................................................................................... 163

7.12.4 四路抢答器 ................................................................................................ 174

**附录 A PROTEUS 元件库** ................................................................................ 181

**附录 B PROTEUS 常用元件中英文对照表** ...................................................... 188

**参考文献** ............................................................................................................ 190

6.2.2 .................................................................................. 111
6.2.3 .................................................................................. 113
6.2.4 .................................................................................. 115

第7章　基于 PROTEUS ISIS 的单片机应用设计 ............................ 119
7.1 .................................................................................... 119
7.2 .................................................................................... 121
7.3 .................................................................................... 125
7.4 .................................................................................... 131
7.5 .................................................................................... 135
7.6 .................................................................................... 131
7.7 .................................................................................... 136
7.8 .................................................................................... 140
7.9 .................................................................................... 141
7.10 .................................................................................. 147
7.11 .................................................................................. 149
7.12 .................................................................................. 153
7.12.1 ............................................................................... 155
7.12.2 ............................................................................... 157
7.12.3 ............................................................................... 161
7.13 .................................................................................. 172

附录 A　PROTEUS 元件库 ................................................... 181

附录 B　PROTEUS 常用元件中英文对照表 ................................ 188

参考文献 ........................................................................... 190

# 第 1 章　PROTEUS 概述

　　PROTEUS 是目前最先进的原理图设计与仿真平台之一，它在计算机上实现了电路原理图设计、调试及仿真、系统测试与功能验证，到形成 PCB 的完整设计研发过程。本章主要介绍 PROTEUS 的基本使用方法。

## 1.1　PROTEUS 简介

　　PROTEUS 是一款集电路基础、模拟电路、数字电路、模数混合电路以及多种微控制器系统为一体的 EDA 软件，在 1989 年由英国的 Labcenter Electronics 公司研制成功。经过 20 多年的发展，现已成为当今 EDA 市场上最为流行、功能最强的一款仿真软件。Labcenter 公司每年都投入大量经费进行持续开发及软件升级，现在 PROTEUS 的最新版本为 7.8。目前 PROTEUS 在全球 50 多个国家得到了广泛应用，主要应用于高校教学实训与公司的实际电路设计和生产。

　　PROTEUS 提供了智能原理图设计平台(ISIS)、混合模式电路仿真器(ProSPICE)、嵌入式仿真器(VSM)及 PCB 设计平台(ARES)等功能。它不仅可以仿真传统的模拟电路、数字电路、单片机，而且可以仿真嵌入式系统(暂时不高于 ARM7)，这也是其它仿真软件无法匹敌的。PROTEUS 可以仿真 8051/8052、AVR、PIC、HC11、MSP430、ARM7 等常用的 MCU，并提供周边设备的仿真，如 LCD、LED、示波器等，同时 PROTEUS 提供了大量的元件库，如 RAM、ROM、键盘、电机、LED、LCD、A/D 转换器、D/A 转换器、部分 SPI 器件、部分 $I^2C$ 器件等。在编译方面，它也支持 KEIL 和 MPLAB 等多种编译器。PROTEUS 的结构框图如图 1.1.1 所示。

**1. 智能原理图设计平台(ISIS)**

　　(1) 丰富的元件库：超过 27 000 种元件，若元件库中未能找到所需元件，可方便地创建新元件。

　　(2) 智能的器件搜索：通过模糊搜索可以快速定位所需要的元件。

　　(3) 智能化的连线功能：自动连线功能使连接导线简单快捷，大大缩短了绘图时间。

　　(4) 支持总线结构：使用总线器件和总线布线使电路设计简明清晰。

　　(5) 可输出高质量图纸：通过个性化设置，可以生成印刷质量的 BMP 图纸，可以方便地供 Word、PowerPoint 等多种文档使用。

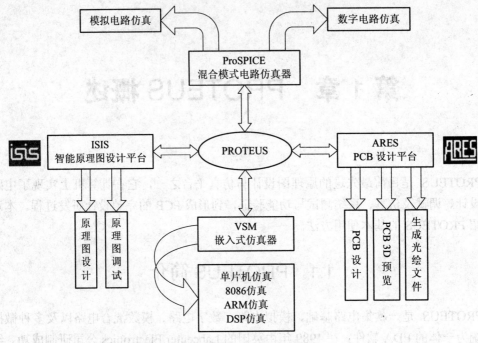

图 1.1.1　PROTEUS 结构框图

### 2. 混合模式电路仿真器(ProSPICE)

(1) ProSPICE 混合仿真：基于工业标准 SPICE3F5，可实现数字及模拟电路的混合仿真。

(2) 超过 46 000 个仿真器件：可以通过内部原型或使用厂家的 SPICE 文件自行设计仿真器件，Labcenter 公司也在不断地发布和添加新的仿真器件，还可导入第三方发布的仿真器件。

(3) 多样的激励源：包括直流、正弦波、脉冲、分段线性脉冲、音频、指数信号、数字时钟等，还支持文件形式的信号输入。

(4) 丰富的虚拟仪器：12 种虚拟仪器，如示波器、逻辑分析仪、频率计/计数器、虚拟终端、SPI 调试器、$I^2C$ 调试器、信号发生器、直流电压/电流表、交流电压/电流表等。

(5) 生动的仿真显示：用不同颜色显示引脚的数字电平，导线以不同颜色表示其对地电压大小，箭头显示电流的流向，结合活性元件(如电机、显示器件、按钮)的使用可以使仿真更加直观、生动。

(6) 高级图形仿真功能(ASF)：基于图表分析可以精确分析电路的多项指标，包括工作点、瞬态特性、频率特性、传输特性、噪声、失真、傅立叶频谱分析等，还可以进行一致性分析。

### 3. 嵌入式仿真器(VSM)

(1) 支持主流的 MCU 类型，如 8051/8052、AVR、PIC、HC11、8086、MSP430、ARM7等，CPU 类型随着版本升级还在继续增加。

(2) 支持通用外设模型，如 LCD 模块、LED 点阵、LED 七段显示模块、键盘/按键、直流/步进/伺服电机、RS232 虚拟终端、电子温度计等，其 COMPIM(COM 口物理接口模型)还可以使仿真电路通过 PC 串口和外部电路实现双向异步串行通信。

(3) 实时仿真支持 UART/USART/EUSARTs 仿真、中断仿真、SPI/I²C 仿真、MSSP 仿真、DSP 仿真、RTC 仿真、ADC 仿真、CCP/ECCP 仿真。

(4) 支持单片机汇编语言及 C 语言的编辑/编译/源码级仿真，内带 8051、AVR、PIC 的汇编编译器，也可以与第三方集成编译环境(如 IAR、Keil 和 MPLAB)结合，进行高级语言的源码级仿真和调试。

### 4．PCB 设计平台(ARES)

(1) 原理图到 PCB 的快速通道：原理图设计完成后，一键便可进入 ARES 的 PCB 设计环境，实现从概念到产品的完整设计。

(2) 先进的自动布局/布线功能：支持器件的自动/人工布局，支持无网格自动布线或人工布线，支持引脚交换/门交换功能，使 PCB 设计更为合理。

(3) 完整的 PCB 设计功能：最多可设计 16 个铜箔层，2 个丝印层，4 个机械层加板边，1 个禁止布线区，2 个阻焊区和 2 个锡膏覆盖区，同时具有 3D 可视化预览功能。

(4) 支持多种输出格式：可以输出多种格式文件，包括 Gerber 文件的导入或导出，与其它 PCB 设计工具的互转(如 PROTEL)以及 PCB 的设计和加工。

## 1.2    PROTEUS 的安装

### 1.2.1    安装环境

PROTEUS 可运行在 Windows 2000、Windows 2003 Server、Windows XP、Windows 7之上。以下介绍在 Windows XP 系统下进行安装的过程。

### 1.2.2    安装步骤

(1) 插入安装光盘，出现光盘自动运行界面，如图 1.2.1 所示。注意：安装时请勿插入软件加密狗，直到安装完毕后再插入加密狗。

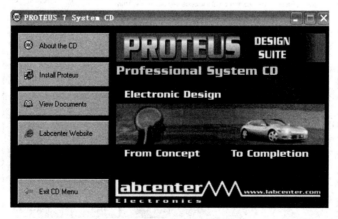

图 1.2.1    PROTEUS 安装界面图

- About the CD：介绍光盘内容。
- Install Proteus：安装 PROTEUS。
- View Documents：查看光盘中的说明文档。
- Labcenter Website：访问 Labcenter 公司网站。

(2) 点击第二项 Install Proteus，安装软件。

(3) 进行安装类型的选择，如图 1.2.2 所示，用户可选择安装单机版还是网络版。

- Use a locally installed Licence Key：单机版安装选项。
- Use a licence key installed on a server：网络版安装选项。

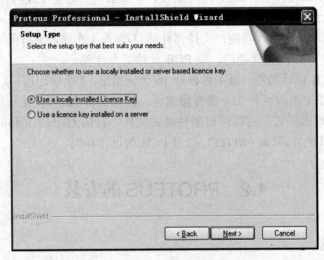

图 1.2.2　PROTEUS 安装类型选择

下面介绍单机版的安装。

(1) 进入 Product Licence Key 设置窗口，如果以前没有安装过 Licence Key，则出现的界面如图 1.2.3 所示。

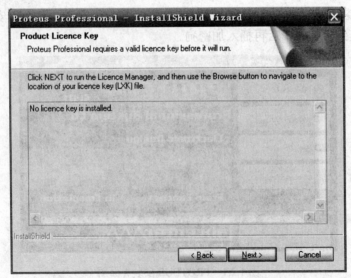

图 1.2.3　无 Licence Key 的 PROTEUS 安装界面图

(2) 点击 Next 进入 Labcenter Licence Manager 1.5 窗口进行 Licence Key 的安装，如图 1.2.4 所示。点击 Browse For Key File 寻找 Licence Key(此 Licence Key 位于光盘对应的 Licence Key 文件夹下)，选中对应的 Licence Key，单击 Install，若 Licence Key 显示于右边视窗中，表示 Licence Key 安装完毕。点击 Close，系统弹出如图 1.2.5 所示的对话框，显示该 Licence Key 的相关信息。

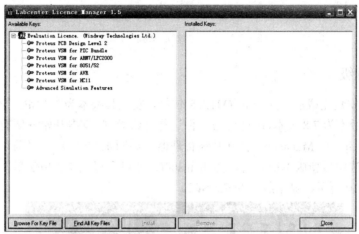

图 1.2.4　PROTEUS 的 Licence Key 安装

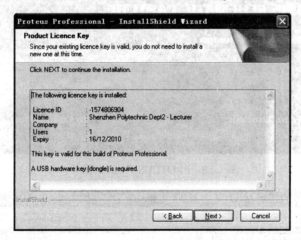

图 1.2.5　Licence Key 安装完成后界面图

(3) 按照提示，选择安装路径，进行 PROTEUS 的安装。

(4) 安装过程中，会出现 USB 硬件加密狗驱动安装的提示，如图 1.2.6 所示。此时一定要确保加密狗未插在电脑的 USB 接口上。

图 1.2.6　硬件加密狗驱动安装

(5) 显示加密狗驱动安装完成后，提示现在可以将加密狗插入到电脑的 USB 接口上，如图 1.2.7 所示。插入加密狗后，红色指示灯亮，表明安装已经完成。

图 1.2.7　提示插入加密狗界面图

### 1.2.3　产品升级

PROTEUS 安装完成后，打开 PROTEUS 软件，发现其版本为 7.4 SP3 版本，如图 1.2.8 所示。现在最新版本为 7.8 版本，因此可对软件进行升级处理。点击开始→所有程序→Proteus 7 Professional→Update Manager，打开升级管理器，如图 1.2.9 所示。目前可升级的最高版本为 7.8 SP2，选中最新版本所在行，点击 Install，便可升级到 7.8 SP2 最新版本。升级后的界面如图 1.2.10 所示，显示版本为 7.8 SP2。

图 1.2.8　PROTEUS 7.4 SP3 版本

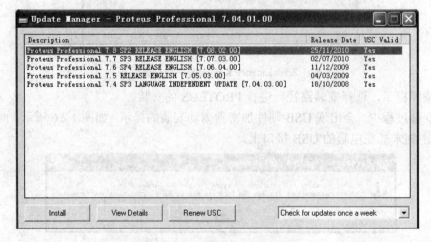

图 1.2.9　PROTEUS 升级管理器

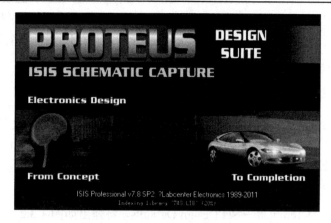

图 1.2.10　PROTEUS 7.8 SP2 版本

# 1.3　PROTEUS 7.8 编辑环境

## 1.3.1　PROTEUS 编辑环境简介

PROTEUS ISIS 的工作界面是一种标准的 Windows 界面，如图 1.3.1 所示。该界面包括标题栏、主菜单、标准工具栏、绘图工具栏、状态栏、对象选择按钮、预览对象方位控制按钮、仿真进程控制按钮、预览窗口、对象选择器窗口和图形编辑窗口。

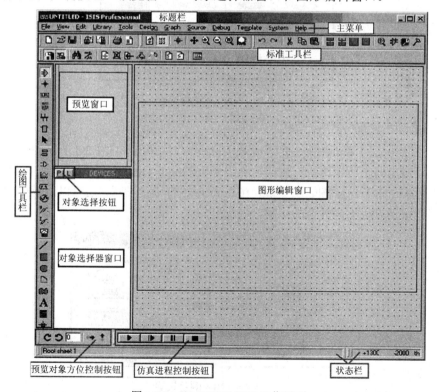

图 1.3.1　PROTEUS ISIS 工作界面

　　其中，标题栏用于指定当前设计的文件名，状态栏用于显示当前鼠标的坐标值，图形编辑窗口用于进行元件、连线、原理图等的绘制，预览窗口用来显示全部原理图。对象选择按钮用于元件的选取。

## 1.3.2　PROTEUS 编辑环境设置

　　PROTEUS ISIS 编辑环境设置主要指工作环境的设置，包括模板设置、图表颜色设置、元件图形设置等，用户可以根据自身的喜好来设置自己的 PROTEUS 工作环境。下面介绍一些常用编辑环境的设置方法。

### 1. 模板设置

　　选择主菜单中的 Template→Set Design Defaults，将弹出如图 1.3.2 所示的对话框。为了满足不同的需求，可通过对话框设置编辑环境背景色、格点颜色、工作区边框颜色等，同时可设置仿真时电路系统中正极、负极、逻辑高电平、逻辑低电平等的颜色，还可设置隐藏对象的显示和编辑环境的字体。用户可根据自己喜欢的颜色进行设置，设置完成后点击"OK"即可。

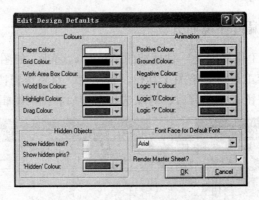

图 1.3.2　模板设置

### 2. 图表颜色设置

　　选择主菜单中的 Template→Set Graph Colours，将弹出如图 1.3.3 所示的对话框。通过此对话框可对电路中所使用的图表的轮廓线颜色(Graph Outline)、背景颜色(Background)、图表标题色(Graph Title)、图表文本颜色(Graph Text)等进行设置，还可以对模拟图表和数字图表中多个图形进行不同颜色的设置。

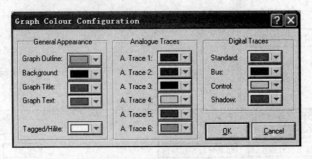

图 1.3.3　图表颜色设置

### 3. 元件图形设置

选择主菜单中的 Template→Set Graphics Styles，将弹出如图 1.3.4 所示的对话框。通过此对话框可设置元件(COMPONENT)、引脚(PIN)、端口(PORT)、终端(TERMINAL)等的颜色。以设置元件(COMPONENT)的颜色为例，点击如图 1.3.4 所示的对话框中的 Style 下拉菜单选中"COMPONENT"，在 Colour 选项中选择"黑色"，在 Fill style 中选择"NONE"，则修改后元件图形颜色由默认色变为现在的黑色，且内部无填充色。用户可根据自己的喜好分别设置引脚、终端、连线等的颜色。

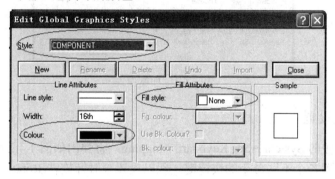

图 1.3.4　元件图形设置

### 4. 节点设置

选择主菜单中的 Template→Set Junction Dots，将弹出如图 1.3.5 所示的对话框。通过此对话框可设置节点的大小及形状，其中形状分为方形(Square)、圆形(Round)和钻石形(Diamond)三种。

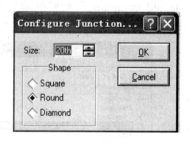

图 1.3.5　节点设置

编辑环境的设置还包括图形文本的设置(Set Graphics Text)等。如果设置完毕后，想要回到 PROTEUS 的初始设置，则可选择主菜单中的 Template→Apply Default Template，在出现的对话框中点击"OK"，即可恢复到 PROTEUS 默认的编辑环境。

# 1.4　PROTEUS 7.8 系统环境

在 PROTEUS ISIS 主界面中，可选择主菜单中的 System 菜单项进行系统设置。系统设置主要包括环境设置(Set Environment)、快捷键设置(Set Keyboard Mapping)、路径设置(Set Paths)、图纸大小设置(Set Sheet Sizes)、动画选项设置(Set Animation Options)、仿真选项设置(Set Simulator Options)等。本节主要对常用的系统环境设置进行简单说明。

## 1.4.1　环境设置

选择主菜单中的 System→Set Environment，将弹出如图 1.4.1 所示的对话框。通过此对话框可设置系统自动保存时间(Autosave Time)、撤销次数(Number of Undo Levels)、工具注释延时时间(Tooltip Delay)等，用户可根据自己的需求设置不同的参数。左下角的两个选项中，若选中"Auto Synchronise/Save with ARES？"，表示与 ARES PCB 制版自动同步/保存；若选中"Save/load ISIS state in design files？"，表示在设计文件中保存/装载 ISIS 状态。

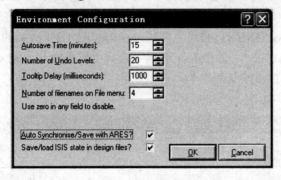

图 1.4.1　环境设置

## 1.4.2　快捷键设置

选择主菜单中的 System→Set Keyboard Mapping，将弹出如图 1.4.2 所示的对话框。通过此对话框可设置各个不同命令的快捷键。现以设置顺时针旋转(Rotate Clockwise)为例说明如何快速设置读者熟悉的快捷键。顺时针旋转默认的快捷键为 Num--，读者对此快捷键不熟悉，操作不便，因此想将其改为字母 Z 作为快捷键。具体做法是：在"Key Sequence for selected command"空格处填写相应的快捷键"Z"，点击右边的"Assign"，这样就为顺时针旋转分配了新的快捷键 Z。设置完成后如图 1.4.3 所示。

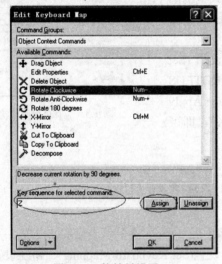

图 1.4.2　快捷键设置

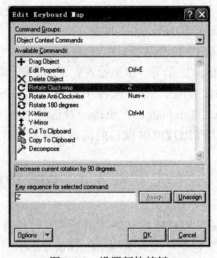

图 1.4.3　设置新快捷键

## 1.4.3　路径设置

选择主菜单中的 System→Set Paths，将弹出如图 1.4.4 所示的对话框。通过此对话框可设置文件保存的路径，同时还可设置模板、库、仿真模型等的路径，读者可根据自身要求更改这些路径。比如，要更改文件保存的路径，点击"Initial Folder For Designs"的第三个复选框，再点击路径名最右边的"+"号，选择保存的路径，如图 1.4.4 所示，则路径更改为 D:\samples。其它如模板、库、仿真模型的路径修改基本类似，读者可以作相应修改，如不修改，则默认为安装 PROTEUS 时生成的路径。

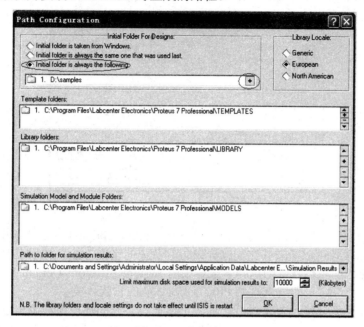

图 1.4.4　路径设置

## 1.4.4　图纸大小设置

选择主菜单中的 System→Set Sheet Sizes，将弹出如图 1.4.5 所示的对话框。通过此对话框可进行图纸的设置。系统提供的是美制图纸 A0～A4，系统默认图纸为 A4，用户也可自行设置图纸的大小。

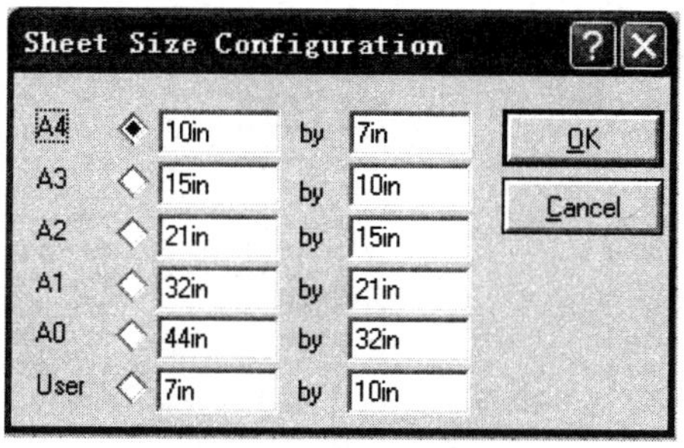

图 1.4.5　图纸尺寸设置

## 1.4.5　动画选项设置

选择主菜单中的 System→Set Animation Options，将弹出如图 1.4.6 所示的对话框。通过此对话框可设置仿真速度，包括每秒帧数(Frames per Second)、每帧步长(Timestep per Frame)、单步执行时间(Single Step Time)等，还可设置电压和电流的范围(Voltage/Current Ranges)，包括最大电压(Maximum Voltage)及电流阈值(Current Threshold)。此外，还可设置仿真时动画的选项，包括用探针显示电压及电流(Show Voltage&Current on Probes)、引脚的逻辑状态(Show Logic State of Pins)、用颜色显示线路电压(Show Wire Voltage by Colour)及用箭头显示电流的流向(Show Wire Current with Arrows)等。

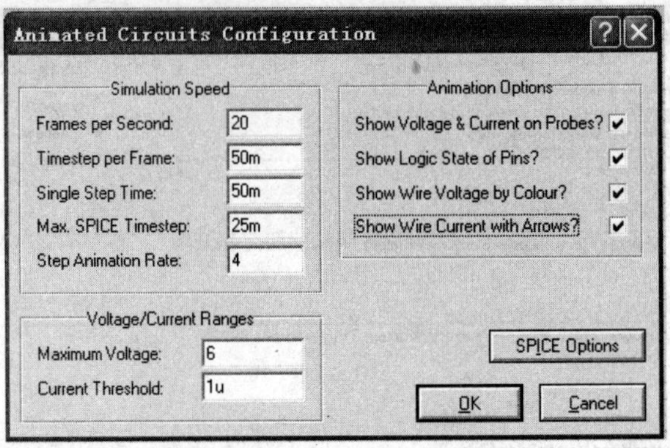

图 1.4.6　动画选项设置

　　系统环境的设置还包括仿真选项的设置(Set Simultor Options)、文本编辑器的设置(Set Text Editor)等，读者可以参考其它文献详细了解具体的设置方法。如果设置完毕后，想要回到 PROTEUS 的初始设置，则选择主菜单中的 System→Restore Default Settings，在出现的对话框中点击"OK"，即可恢复到 PROTEUS 默认的系统环境。

　　编辑环境和系统环境设置完成后，读者可以把设置好的环境保存为自己的模板，下次进行新操作时可以继续使用自己设置好的模板。具体操作为：点击主菜单中的 File→Save Design As Template，在弹出的如图 1.4.7 所示的对话框中单击"保存"按钮。

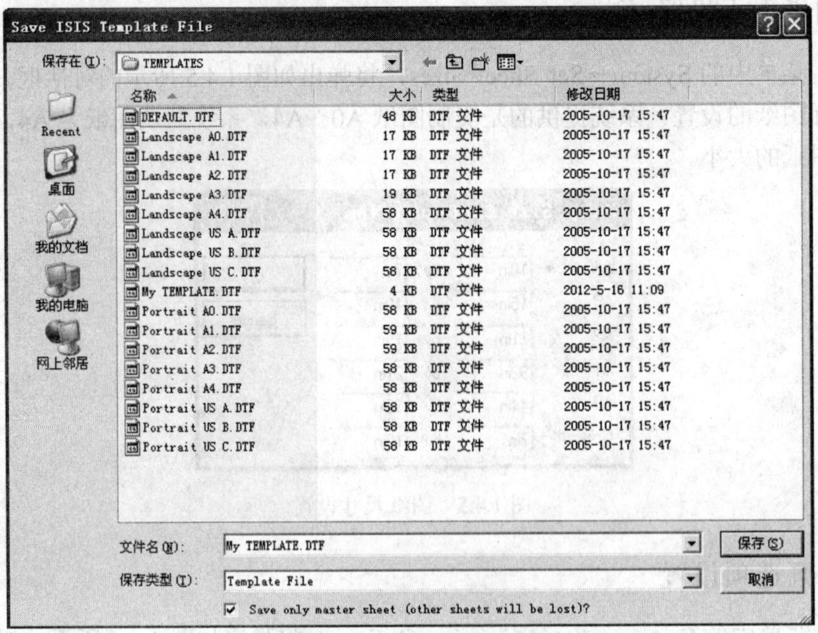

图 1.4.7　保存新模板

# 第 2 章　PROTEUS 从概念到产品的快速设计过程

在 PROTEUS 中，可以从原理图设计、单片机编程、系统仿真到 PCB 设计一气呵成，真正实现从概念到产品的完整设计。本章以流水灯控制电路为实例，详细介绍 PROTEUS ISIS 电路原理图设计步骤及 PROTEUS ARES PCB 设计过程。

## 2.1　PROTEUS ISIS 电路原理图设计

### 2.1.1　PROTEUS ISIS 电路原理图设计步骤

PROTEUS ISIS 电路原理图设计流程如图 2.1.1 所示。

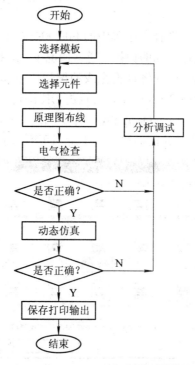

图 2.1.1　PROTEUS ISIS 电路原理图设计流程

下面以图 2.1.2 所示的流水灯控制电路为例，详细介绍 PROTEUS ISIS 电路原理图设计方法及步骤。

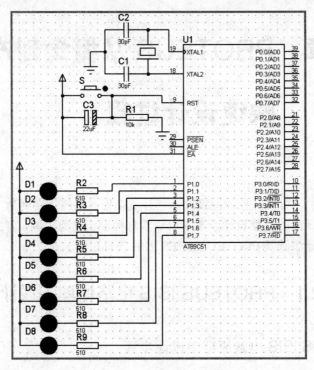

图 2.1.2　流水灯控制电路

### 1. 选择模板

打开 PROTEUS ISIS 软件，选择主菜单中的 File→New Design，将弹出如图 2.1.3 所示的对话框。读者可根据需求选择不同的模板，通常情况下，选择默认模板(DEFAULT)即可。在第 1 章中，作者按照自己的喜好将设置完成的编辑环境和系统环境保存为新模板 My TEMPLATE，点击新模板，如图 2.1.3 所示，再点击 OK 即选择新模板。如果要保存设计的原理图，选择主菜单中的 File→Save Design As，弹出如图 2.1.4 所示的对话框，在文件名中写入保存的文件名 EXAMPLE(默认的后缀名为 DSN)即可同时可以更改保存的路径。

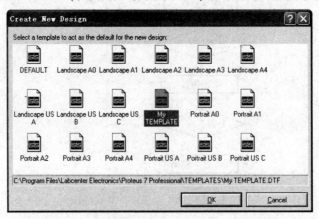

图 2.1.3　选择模板

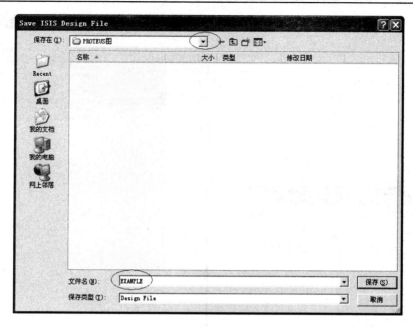

图 2.1.4　保存文件

## 2. 选择元件

流水灯控制电路所用到的元件清单如表 2.1.1 所示。

**表 2.1.1　流水灯控制电路元件清单**

| 元件名 | 类 | 子类 | 数量 | 参数 | 备注 |
|---|---|---|---|---|---|
| AT89C51 | Microprocessor ICs | 8051 Family | 1 | 1 | 51 单片机 |
| BUTTON | Switches and Relays | Switches | 1 | | 按钮 |
| CAP | Capacitors | Generic | 2 | 30pF | 电容 |
| CAP-ELEC | Capacitors | Generic | 1 | 22 μF | 电解电容 |
| CRYSTAL | Miscellaneous | | 1 | 12 MHz | 晶振 |
| RES | Resistors | Generic | 9 | 10 kΩ, 510 Ω | 电阻 |
| LED-YELLOW | Optoelectronics | LEDs | 8 | 2.2 V, 10 mA | 发光二极管 |

从表 2.1.1 中可以看出，流水灯控制电路总共包含 7 类元件，现分别一一选出。首先选择 51 单片机，用鼠标左键单击对象选择按钮中的"P"旋钮，如图 2.1.5 所示，将弹出如图 2.1.6 所示的选择元件(Pick Devices)对话框。在关键词(Keywords)中填入元件名 AT89C51，在类(Category)中选择微处理器类(Microprocessor ICs)，在子类(Sub-category)中选择 8051 系列(8051 Family)，在结果中选择 AT89C51 并双击即可选择到对象选择器窗口中。

采用同样的方法，按照表 2.1.1 选择其它元件，选择完成后对象选择器窗口中元件列表如图 2.1.7 所示，总共包含 7 类元件。若要增加新元件，可以按照上述方法进行添加，也可将不必要的元件进行删除，具体操作为：选中需删除的元件，点击鼠标右键，选择 Delete，如图 2.1.8 所示。

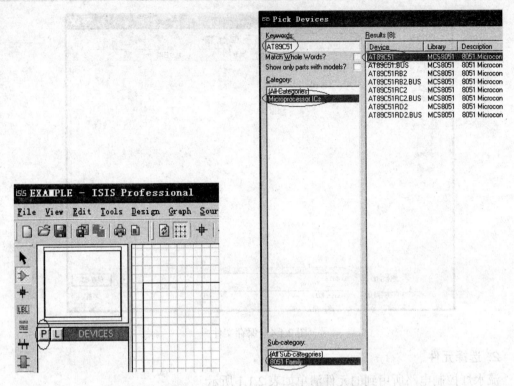

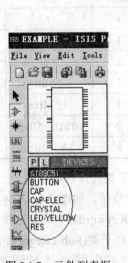

图 2.1.5　选择元件旋钮　　　　　　　图 2.1.6　选择元件

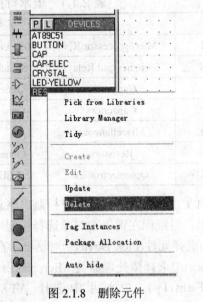

图 2.1.7　元件列表框　　　　　　　　图 2.1.8　删除元件

### 3. 原理图布线

(1) 在布线之前，首先要将列表框中的元件放置到图形编辑区中，具体操作是：用鼠标单击列表框中某一元件，再把鼠标移动到图形编辑区，点击鼠标左键。本例中需使用 1 块单片机芯片 AT89C51、2 个瓷片电容、1 个电解电容、1 个晶振、1 个按钮、9 个电阻、8 个发光二极管。放置后的界面如图 2.1.9 所示。

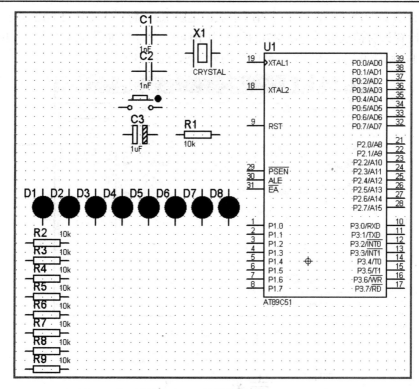

图 2.1.9　元件放置后的界面

**小提示**：在放置元器件时，有时需要改变元件的方向，这种情况下可通过如图 2.1.10 所示的四个图标加以修改。这四个图标从上到下的功能分别为顺时针旋转、逆时针旋转、水平镜像和垂直镜像。本例需改变多个元件的方向，修改后如图 2.1.11 所示。

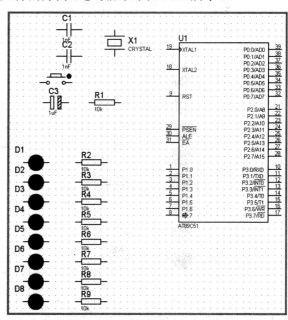

图 2.1.10　元件方向调整旋钮　　　　　　　图 2.1.11　元件方向调整后的界面

(2) 元件参数的修改。在图形编辑区中双击电阻 R2，将弹出如图 2.1.12 所示的元件属性对话框，设置该对话框可将电阻 R2 的阻值由 10 k 修改为 510(系统默认单位为 Ω )。同理，按照表 2.1.1，修改其它元件参数，修改后的元件示意图如图 2.1.13 所示。

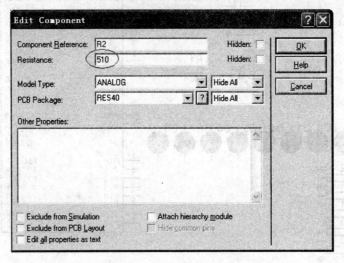

图 2.1.12　元件属性对话框

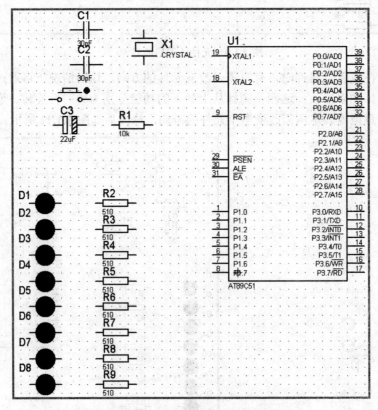

图 2.1.13　元件参数修改后的界面

(3) 电路布线。PROTEUS ISIS 连线非常方便，只需用鼠标左键单击元件的一个引脚，再拖动到另一元件的引脚，单击鼠标左键即可。如果要删除连线，则首先用鼠标左键选中连线(连线呈红色显示)，点击鼠标右键，再点击"Delete Wire"即可删除需修改的连线，如图 2.1.14 所示。连线完成后，示意图如图 2.1.15 所示。

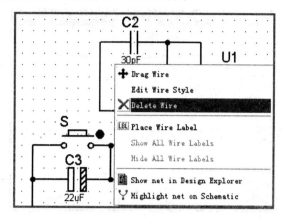

图 2.1.14　删除连线方法

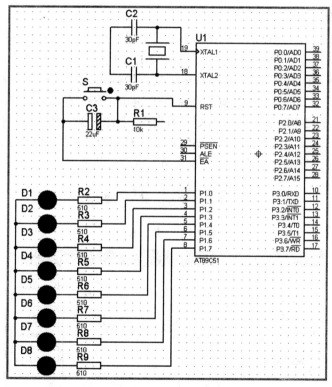

图 2.1.15　连线完成后的界面

(4) 添加电源和地线。为图 2.1.15 添加电源和地线，点击绘图工具栏的终端模式 (Terminals Mode)图标"　　"，在对象选择器窗口选择电源(POWER)和地线(GROUND)，添加到图像编辑窗口并连线，连接完成的最终图形如图 2.1.2 所示。

**4. 电气规则检查**

选择主菜单中的 Tools→Electrical Rule Check，将弹出如图 2.1.16 所示的对话框(该对话框为电气规则检测报告单)，同时生成网络报表。如果检测到有错误产生，则需重新回到原理图加以分析并调试修改，直至最后检测无错误产生为止。

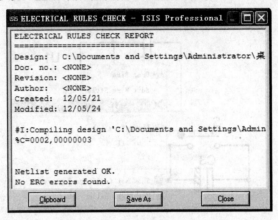

图 2.1.16　电气规则检测报告单

### 5. 电路动态仿真

完成电气检查之后，便可进行电路仿真，观察用户所设计电路是否满足所有功能需求。点击 PROTEUS ISIS 左下角的仿真按钮，如图 2.1.17 所示。图 2.1.17 中，四个按钮从左到右的功能分别是仿真(Play)、按步仿真(Setp)、暂停(Pause)、停止(Stop)。双击 AT89C51，将弹出如图 2.1.18 所示的对话框，选择程序文件(Program File)右边的文件夹，添加光盘中第 2 章的十六进制文件 2-1.hex，点击"OK"返回到原理图界面，然后点击仿真按钮，便可观察到流水灯的显示效果。若显示效果与功能需求还有差距，则用户可用 Keil 软件修改程序，也可修改原理图等，直至观察流水灯的效果满足所有功能需求。

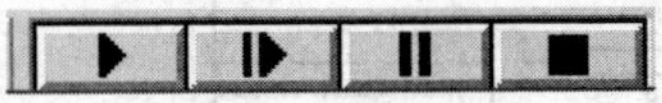

图 2.1.17　仿真按钮

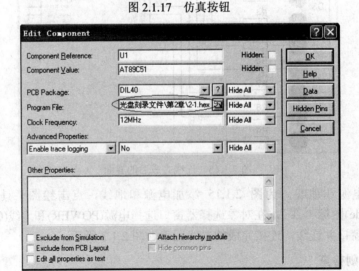

图 2.1.18　添加十六进制文件

### 6. 保存打印输出

用户所设计的原理图满足所有功能之后，便可保存打印输出。PROTEUS 提供了专门的输出功能，点击主菜单中的 File→Set Area，此时鼠标呈现"　"形状，用户可在图形编辑窗口按原理图大小拖出一个矩形框，则选中的原理图呈灰色显示，如图 2.1.19 所示。再点击主菜单中的 File→Export Graphics，可选择输出图形的格式，包括位图文件(Export Bitmap)、PDF 文件(Export PDF File)等。选择位图文件，将弹出如图 2.1.20 所示的对话框，在此对话框中可设置输出图形的范围(Scope)、分辨率(Resolution)、颜色(Colours)和方位(Rotation)，并可设置输出保存的路径及文件名，点击"OK"即可完成设置。最后点击输出的位图文件 EXAMPLE.BMP，如图 2.1.21 所示，用户便可打印输出。

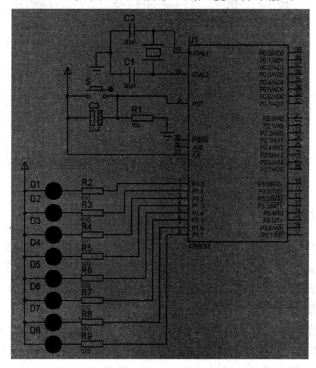

图 2.1.19　标记输出区域

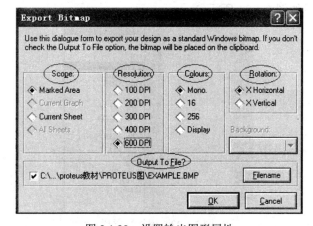

图 2.1.20　设置输出图形属性

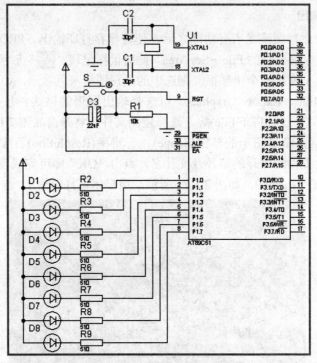

图 2.1.21　输出图形

## 2.1.2　PROTEUS ISIS 绘图工具栏

　　PROTEUS ISIS 原理图绘制完成并通过仿真测试后，通常需要对原理图进行简单的描述，包括标题栏、说明文字以及头块设置。标题栏主要用于说明电路的名称，说明文字主要用于简单描述电路的具体功能，头块设置主要用于设置电路设计的属性，包括设计名、作者、设计时间、版本信息等。

　　(1) 标题栏。选择绘图工具栏中的 "A" 图标，在对象选择器中选择 "MARKER" 选项，如图 2.1.22 所示，将弹出如图 2.1.23 所示的对话框。通过该对话框可设置电路名称 (String)，还可设置电路名称的方位(Justification)、颜色(Colour)、字体(Font Attributes)等属性。设计好的标题栏如图 2.1.24 所示。

图 2.1.22　添加标题栏

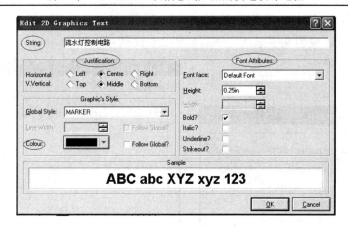

图 2.1.23　标题栏属性对话框

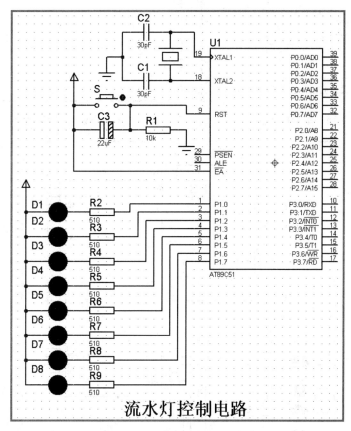

图 2.1.24　添加标题栏后的电路界面

(2) 说明文字。选择绘图工具栏中的"■"图标，在图形编辑区拖放出大小合适的矩形区域，选中矩形框，单击鼠标左键，将弹出如图 2.1.25 所示的对话框。通过该对话框可设置矩形框的整体风格(Global Style)，在下拉菜单中选择"MAKER"，同时设置矩形框边框颜色为白色，去掉颜色复选框中的"√"，点击下拉菜单中选择白色，最后点击仅此图(This Graphic Only)旋钮。

选择工具栏中的"▦"图标，在上述矩形框区域单击，将弹出如图 2.1.26 所示的对话框。在此对话框中可输入相关的说明文字用于对电路进行简单描述，文字的属性可通过"Style"选项设置，说明文字添加完毕后如图 2.1.27 所示。

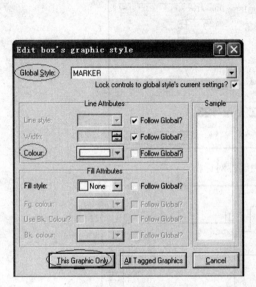

图 2.1.25　矩形框属性

图 2.1.26　说明文字添加对话框

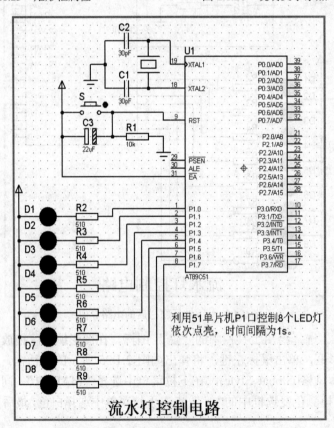

图 2.1.27　添加说明文字后的界面

(3) 头块设置。选择主菜单中的 Design→ Edit Design Properties，将弹出如图 2.1.28 所示的对话框。通过该对话框可设置原理图块名、序列号、版本及作者等信息。

点击绘图工具栏的 "⬛" 图标，在对象列表框中点击 "P" 按钮，将弹出如图 2.1.29 所示的对话框。在库 (Libraries) 中选择系统 (SYSTEM)，在目标 (Objects) 中选择头文件 (HEADER)，关闭对话框，在对象选择器中出现了 "HEADER" 头文件。在图像编辑区右下角位置单击鼠标左键即可放置头文件，如图 2.1.30 所示。

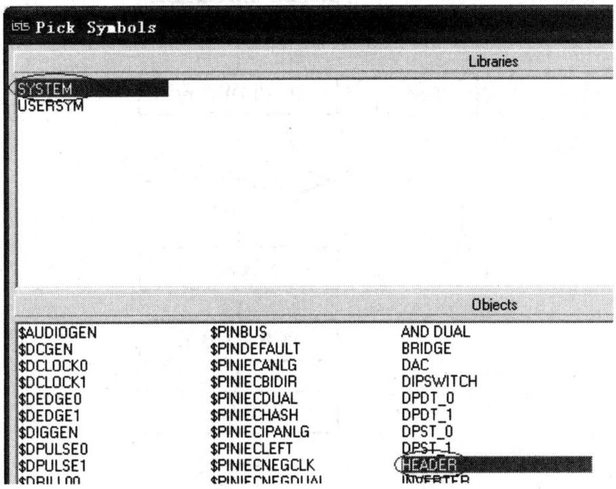

图 2.1.28　编辑设计属性

图 2.1.29　头文件选择

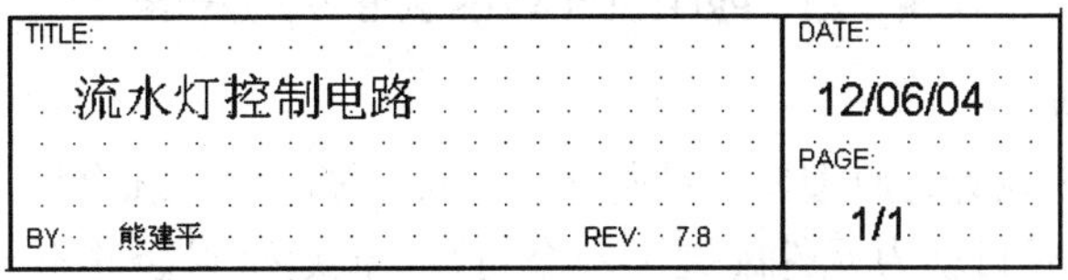

图 2.1.30　头文件设置后的界面

## 2.2　PROTEUS ARES PCB 设计

PROTEUS 不仅可以实现高级原理图设计、混合模式 SPICE 仿真，还可以进行 PCB(Printed Circuit Board)系统特性设计以及手动、自动布线，输出 3D 视图，这样就可实现一个完整的电子系统设计。本节以上述流水灯控制电路为例，详细介绍 PROTEUS ARES PCB 设计过程。

PROTEUS ARES PCB 设计流程如图 2.2.1 所示。

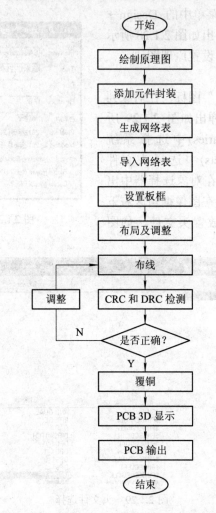

图 2.2.1    PROTEUS ARES PCB 设计流程图

### 1. 添加元件封装

为正确完成 PCB 设计，原理图中的每个元件必须带有封装信息。在 PROTEUS ISIS 中添加元件时，多数已经自动为元件配置了一个封装，但这个封装并不一定适合作者的设计，甚至有些元件没有封装信息，因此必须为某些元件添加封装。

选择主菜单中的 Design→Design Explorer，将弹出如图 2.2.2 所示的对话框，对话框右边 4 列分别对应的是元件编号(Reference)、名称(Type)、值(Value)和电路/封装(Circuit/Package)。由图 2.2.2 可知，部分元件封装丢失，甚至没有封装，因此必须为其添加封装才可进行 PCB 设计。

选择图 2.2.2 中的元件 D1，双击将弹出如图 2.2.3 所示的对话框，点击 PCB 封装(PCB Package)右边的"？"，将弹出如图 2.2.4 所示的对话框，在关键字(Keywords)中输入"led"，将列出发光二极管不同的封装信息，用户按照需求选择合适的封装，此处选择"LED"封装，最后点击图 2.2.3 所示对话框中的"OK"按钮。采用同样的方法，为 D2～D8 添加相同的封装，开关 S 无封装信息，读者可自行自制开关封装(请读者参考其它文献资料中制作元件封装的有关内容)。所有元件封装都完成后，设计浏览器中元件封装信息如图 2.2.5 所示。

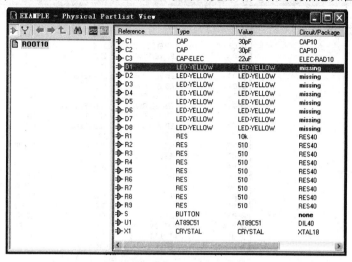

图 2.2.2 设计浏览器信息窗口

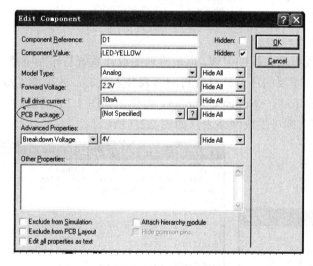

图 2.2.3 编辑元件封装

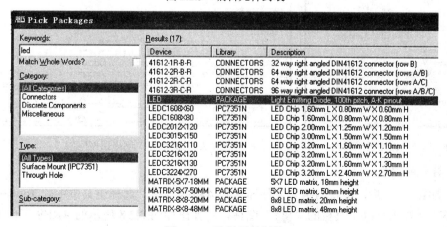

图 2.2.4 选择元件封装

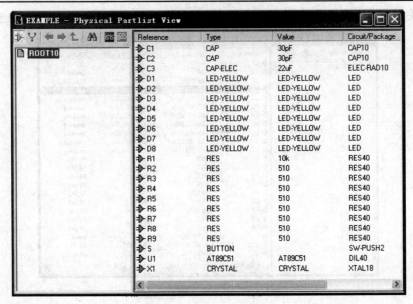

图 2.2.5　元件封装信息图

### 2. 生成网络表

网络表是电路板自动布线的灵魂，也是原理图设计系统与印制电路板设计系统的接口，因此这一步也是非常重要的环节。只有将网络表装入之后，才可能完成对电路板的自动布线。选择主菜单中的 Tools→Netlist Compiler，将弹出如图 2.2.6 所示的对话框，采用系统默认设置，点击"OK"即可生成网络表，如图 2.2.7 所示。

图 2.2.6　网络表编辑器　　　　　　　图 2.2.7　流水灯控制电路网络表

### 3. 导入网络表

生成网络表之后，应将网络表文件导入到 ARES 当中。选择主菜单中的 Tools→Netlist to ARES，或点击标准工具栏的"▣▣▣"图标，将弹出如图 2.2.8 所示的 ARES 工作界面。

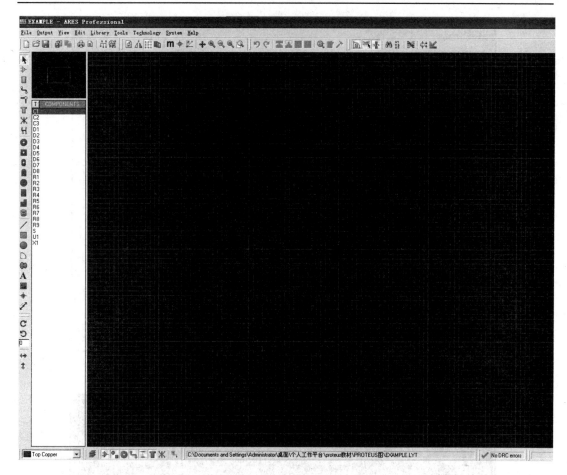

图 2.2.8　ARES 工作界面

### 4．设置电路板板框

在图 2.2.8 中，选择绘图工具栏的"▤"图标，并在层选择器中选择边框层(Board Edge)，在编辑窗口适当的位置单击，并移动鼠标拖出一个大小合适的黄色矩形框作为板框。若想再次修改板框大小，选择鼠标模式，选中板框，拖动板框上绿色控制点即可。注意：元件和 PCB 布线都不要超越板框。

### 5．布局及调整

PROTEUS 软件支持自动布局和手工布局两种方式。在进行布局时，推荐使用自动布局和手工布局相结合的方式，即先使用自动布局，然后进行手工调整。

（1）自动布局。选择主菜单中的 Tools→Auto Placer，将弹出如图 2.2.9 所示的自动布局对话框。该对话框的左侧列出了网络表中的所有元件，一般选择所有的元件；右侧包括设计规则(Design Rules)、元件方向(Preferred DIL Rotation)等信息，通常采用系统默认设置，点击"OK"即可实现自动布局功能，元件就会逐个摆放到板框当中，如图 2.2.10所示。

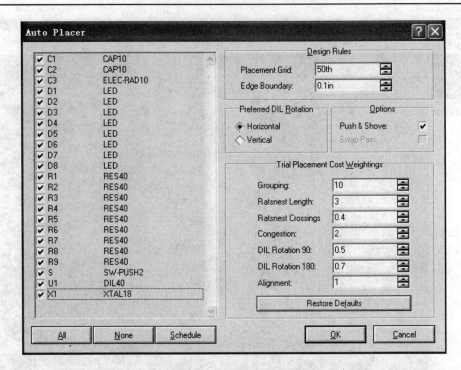

图 2.2.9　自动布局对话框

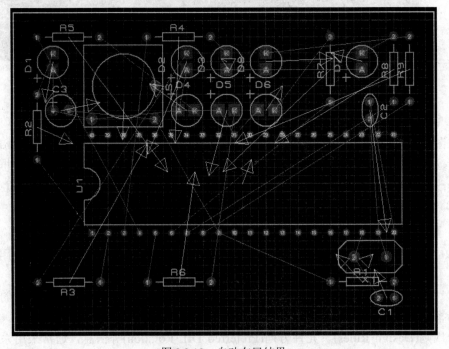

图 2.2.10　自动布局结果

(2) 手工布局。手工布局时，一般先摆放连接器，然后放置集成电路，即先放核心部件，如单片机芯片等，然后放置分立元件。图 2.2.10 经手工布局调整后如图 2.2.11 所示。

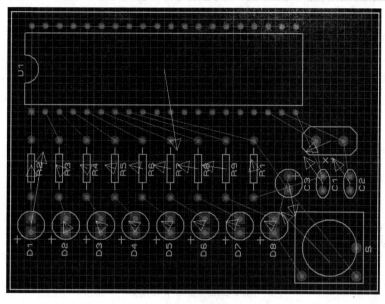

图 2.2.11　手工布局调整后的结果

### 6. 布线

布线就是在电路板上放置导线和过孔，并将各个元件连接起来。PROTEUS ARES 提供了自动布线和交互手动布线两种方式。这两种布线方式不是孤立使用的，通常可以结合在一起使用，以提高布线效率，并使 PCB 具有更好的电气特性，同时更加美观。本例中采用自动布线功能。选择主菜单中的 Tools→Auto Router，或点击标准工具栏的"❉"图标，将弹出如图 2.2.12 所示的自动布线对话框，采用系统默认设置，点击开始布线(Begin Routing)，自动布线后如图 2.2.13 所示。

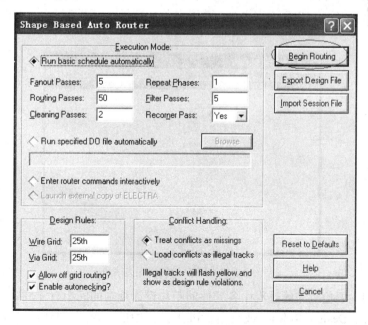

图 2.2.12　自动布线对话框

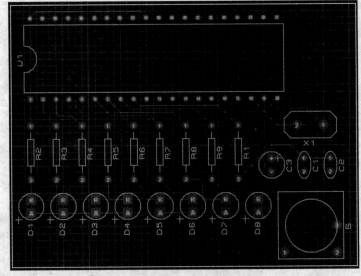

图 2.2.13　自动布线效果

### 7. CRC 和 DRC 检测

PROTEUS ARES 在布线过程中依据网络表对布线连接的正确性进行检测，即 CRC(Connectivity Rules Check)检测，依据 PCB 设计规则对布线进行 DRC(Design Rules Check)检测。

选择主菜单中的 Tools→Connectivity Checker，或点击标准工具栏中的"✦✦"图标，系统将进行 CRC 检测。若布线与网络表一致，则在底部状态栏将出现"`0 CRC violations found.`"检测结果；若布线与网络表不一致，则将弹出如图 2.2.14 所示的 CRC 检测错误列表框，列表的第 1 列 Missing 表示焊盘 1(1st Pin)和焊盘 2(2st Pin)之间的线漏连，双击错误类型，则自动跳转到与之关联的 CRC 错误之处，并以白色高亮显示，读者可自行修改直至无错误出现为止。

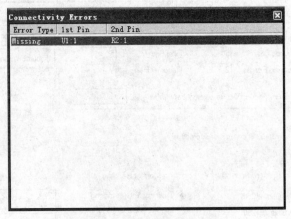

图 2.2.14　CRC 检测错误列表框

DRC 检测主要检测布线过程中各元件间距与设计规则的间距有无冲突。选择主菜单中的 Technology→Design Rules，或点击标准工具栏中的"✎"图标，若无冲突，则出现"`✔ No DRC errors`"，若有错误，则需要调整各元件的间距大于设计规则设置的间距，直至无 DRC 错误产生。

### 8. 覆铜

为了提高 PCB 的抗干扰性，通常需要对性能要求较高的 PCB 进行覆铜处理。选择主菜单中的 Tools→Power Plane Generator，将弹出如图 2.2.15 所示的对话框。其中，"Net"表示覆铜的网络，"Layer"表示对哪一个层进行覆铜，"Boundary"表示覆铜边界的宽度，"Edge clearance"表示与板子边缘的间距。在图 2.2.15 中，点击"OK"即可完成覆铜处理。覆铜后的 PCB 效果图如图 2.2.16 所示。

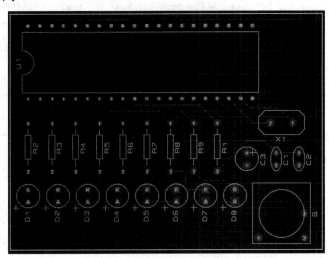

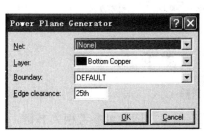

图 2.2.15　覆铜对话框　　　　　　　图 2.2.16　覆铜后的 PCB 效果图

### 9. PCB 3D 显示

PROTEUS ARES 具有 PCB 3D 显示功能，使用该功能可以显示清晰的 PCB 三维立体效果图，并且可以随意进行旋转、缩放等。选择主菜单中的 Output→3D Visualization，将弹出如图 2.2.17 所示的 3D 效果图。

图 2.2.17　3D 效果图

### 10. PCB 输出

PROTEUS ARES 有多种输出格式，这里主要介绍 Gerber 格式输出。选择主菜单中的 Output→Gerber/Excellon Output，将弹出如图 2.2.18 所示的对话框，读者可自行设置该对话框，设置完毕后点击"OK"即可。读者可拿这些 Gerber 文件去 PCB 加工厂进行加工处理。

图 2.2.18　Gerber 输出设置对话框

PROTEUS ARES 设计过程及注意细节方面的内容还有很多，读者可参考相关书籍。

# 第 3 章　PROTEUS 虚拟仿真工具

在第 2 章中详细地介绍了 PROTEUS ISIS 原理图设计步骤，熟悉了各种元件的选取、放置、布线及多种绘图工具的使用。本章将对设计好的原理图进行仿真，以检查设计结果的正确性。PROTEUS 提供了多种虚拟仿真工具，包括激励源、虚拟仪器、探针及仿真图表，给电路设计者分析和调试电路带来了极大的方便。

PROTEUS 仿真包括交互式仿真和基于图表的仿真。其中，交互式仿真可检测用户所设计的电路能否正常工作，实时观察电路的仿真结果，仿真结果在仿真结束后立即消失；基于图表的仿真用于研究电路的工作状态并进行细节的测量，可随时刷新，以图表的形式保留在原理图中，可随原理图一同打印输出。

## 3.1　激　励　源

激励源为电路系统提供输入信号。PROTEUS 为用户提供了多种不同的输入信号，用户可以非常方便地进行选择。点击 PROTEUS 工具栏的"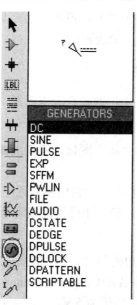"图标，将出现激励源的列表框，如图 3.1.1 所示。

图 3.1.1　激励源列表框

主要的激励源如表 3.1.1 所示。

## 表 3.1.1　PROTEUS 激励源列表

| 名称 | 符号 | 功　能 |
|------|------|--------|
| **DC** | 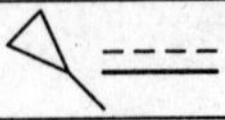 | 直流电源 |
| **SINE** |  | 正弦波发生器 |
| **PULSE** | 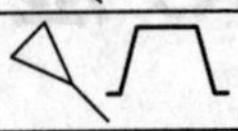 | 脉冲发生器 |
| EXP |  | 指数脉冲发生器 |
| SFFM | 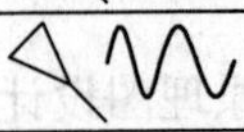 | 单频率调频波信号发生器 |
| PWLIN | 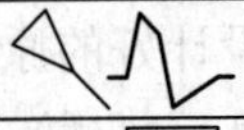 | 分段线性信号发生器 |
| FILE |  | 文件信号发生器 |
| AUDIO |  | 音频信号发生器 |
| DSTATE | 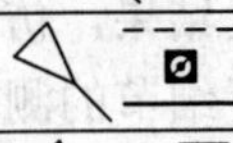 | 稳态逻辑电平发生器 |
| DEDGE | 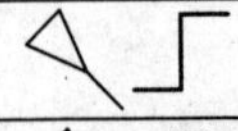 | 单边沿信号发生器 |
| DPULSE |  | 单周期数字脉冲发生器 |
| **DCLOCK** |  | 数字时钟信号发生器 |
| DPATTERN |  | 模式信号发生器 |
| SCRIPTABLE | 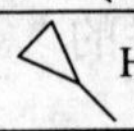 HDL | 可编程信号源 |

　　下面详细介绍几种常用于电路的激励源设置方法，其余激励源的设置方法可参考相关文献资料(表 3.1.1 中加粗部分为常用激励源)。

### 3.1.1　直流电源(DC)设置方法

　　直流电源用于给电路提供直流电压源和直流电流源。

#### 1. 放置直流电源

　　(1) 点击 PROTEUS 工具栏的"⊘"图标，将弹出如图 3.1.1 所示的对话框。图 3.1.1 中列出了所有激励源的名称列表。

　　(2) 用鼠标点击"DC"，在预览窗口中将出现直流电源的符号。

　　(3) 在图形编辑区中单击鼠标左键，即可放置直流电源。

#### 2. 直流电源属性设置

　　(1) 在图形编辑区中选中直流电源符号，单击鼠标左键，可弹出如图 3.1.2 所示的对话框，默认为电压源，可设置电压源名称(Generator Name)、电压值(Voltage)信息。例如，图 3.1.2 中设置电压源名称为"E"，电压值为 5 V。

　　(2) 如果要设置为电流源，则点击选中图 3.1.2 左下角的"Current Source?"复选框，即可设置电流源的大小值。图 3.1.3 中设置电流源名称为"I",大小为 2 A。

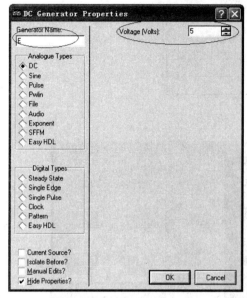

图 3.1.2 直流电压源属性设置 1

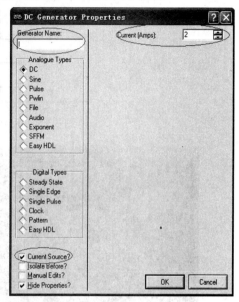

图 3.1.3 直流电流源属性设置 2

## 3.1.2 正弦波发生器(SINE)设置方法

正弦波发生器用来产生可调频率、幅值和相位的正弦波。

### 1. 放置正弦波发生器

(1) 点击 PROTEUS 工具栏的"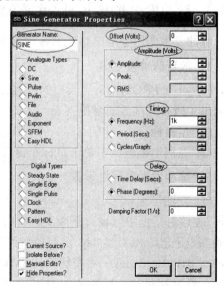"图标,将弹出如图 3.1.1 所示的对话框。图 3.1.1 中列出了所有激励源的名称列表。

(2) 用鼠标点击"SINE",在预览窗口中将出现正弦波信号的符号。

(3) 在图形编辑区中单击鼠标左键,即可放置正弦波发生器。

### 2. 正弦波信号属性设置

(1) 在图形编辑区中选中正弦波信号符号,单击鼠标左键,可弹出如图 3.1.4 所示的对话框。在该对话框中,可设置正弦波信号的名称(Generator Name)、偏移量(Offset)、幅值(Amplitude)(峰峰值(Peak)和有效值(RMS))、频率(Timing)及相位(Delay)等。如图 3.1.4 所示,设置正弦波名称为"SINE",偏移量为"0",幅值为"2 V",频率为"1 kHz",相位为"0"。

(2) 对于设置好的正弦波发生器,可用虚拟仪器中的示波器(OSCILLOSCOPE)来观察其波形,如图 3.1.5 所示。示波器显示的波形如图 3.1.6 所示,具体操作详见 3.2.1 节。

图 3.1.4 正弦波发生器属性设置

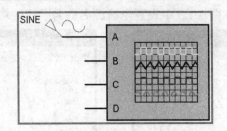

图 3.1.5 正弦波与示波器的连接

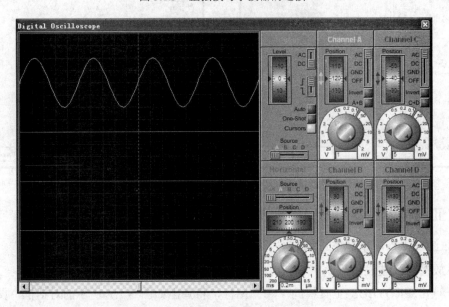

图 3.1.6 示波器显示的正弦波信号

### 3.1.3 脉冲发生器(PULSE)设置方法

脉冲发生器用于给电路提供各种周期性的方波、锯齿波、三角波等。

**1. 放置脉冲发生器**

(1) 点击 PROTEUS 工具栏的"⬨"图标，将弹出如图 3.1.1 所示的对话框，图 3.1.1 中列出了所有激励源的名称列表。

(2) 用鼠标点击"PULSE"，在预览窗口中将出现脉冲发生器的符号。

(3) 在图形编辑区中单击鼠标左键，即可放置脉冲发生器。

**2. 脉冲发生器属性设置**

(1) 在图形编辑区中选中脉冲发生器符号，单击鼠标左键，可弹出如图 3.1.7 所示的对话框。在该对话框中可设置脉冲发生器名称(Generator Name)、初始低电压值(Initial Voltage)、初始高电压值(Pulsed Voltage)、起始时间(Start)、上升时间(Rise Time)、下降时间(Fall Time)、脉冲宽度(Pulse Width)、占空比(Pulse Width)、频率(Frequency)和周期(Period)等。如图 3.1.7 所示，设置脉冲发生器名称为"Ui"，初始低电压值为"−5 V"，初始高电压值为"5 V"，上升时间和下降时间都为 500 ms，脉冲宽度为 0，频率为 1 Hz。

(2) 对于设置好的脉冲信号发生器，可用虚拟仪器中的示波器(OSCILLOSCOPE)来观察其波形，如图 3.1.8 所示。示波器显示的三角波波形如图 3.1.9 所示。

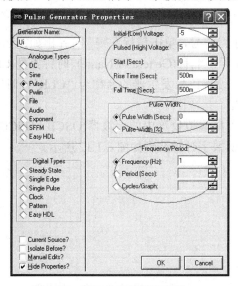

图 3.1.7　脉冲发生器属性设置

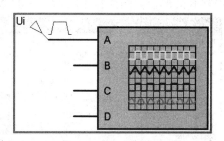

图 3.1.8　脉冲发生器与示波器的连接

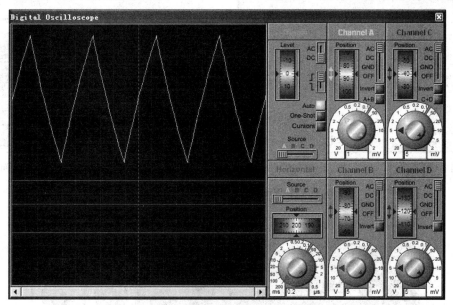

图 3.1.9　示波器显示的三角波波形

## 3.1.4　数字时钟信号发生器(DCLOCK)设置方法

数字时钟信号发生器为电路提供可调频率的数字矩形波脉冲信号。

### 1. 放置数字时钟信号发生器

(1) 点击 PROTEUS 工具栏的"⌀"图标，将弹出如图 3.1.1 所示的对话框。图 3.1.1 中列出了所有激励源的名称列表。

(2) 用鼠标点击"DCLOCK"，在预览窗口中将出现数字时钟信号发生器符号。

(3) 在图形编辑区中单击鼠标左键，即可放置数字时钟信号发生器。

**2. 数字时钟信号发生器属性设置**

(1) 在图形编辑区中选中数字时钟信号发生器符号，单击鼠标左键，可弹出如图 3.1.10 所示的对话框。在该对话框中可设置数字时钟信号源名称(Generator Name)、时钟类型(Clock Type)、频率或周期(Timing)。如图 3.1.10 所示，设置信号发生器的名称为"CLK"，时钟类型为"Low-High-Low clock"，频率为"1 kHz"。

(2) 对于设置好的数字时钟信号发生器，可用虚拟仪器中的示波器(OSCILLOSCOPE)来观察其波形，如图 3.1.11 所示。示波器显示的数字时钟波形如图 3.1.12 所示。

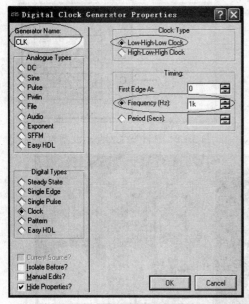

图 3.1.10　数字时钟信号发生器属性设置

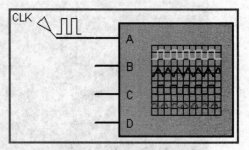

图 3.1.11　数字时钟信号发生器与示波器的连接

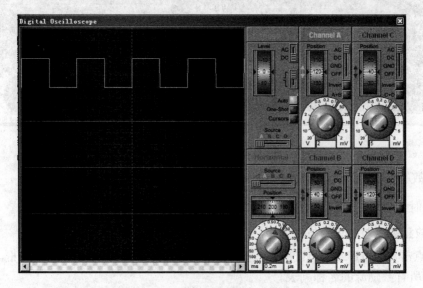

图 3.1.12　示波器显示数字时钟波形

# 3.2  虚 拟 仪 器

PROTEUS 为用户提供了多种虚拟仪器，用于观察电路的细节情况。点击 PROTEUS 工具栏的"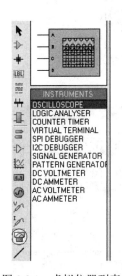"图标，将列出所有虚拟仪器的名称，如图 3.2.1 所示。各虚拟仪器的名称及含义如表 3.2.1 所示。

表 3.2.1  虚拟仪器的名称及含义

| 虚拟仪器名称 | 含义 |
|---|---|
| OSCILLOSCOPE | 示波器 |
| LOGIC ANALYSER | 逻辑分析仪 |
| COUNTER TIMER | 定时/计数器 |
| VIRTUAL TERMINAL | 虚拟终端 |
| SPI DEBUGGER | SPI 调试器 |
| I2C DEBUGGER | $I^2C$ 调试器 |
| SIGNAL GENERATOR | 信号发生器 |
| PATTERN GENERATOR | 模式发生器 |
| DC VOLTMETER | 直流电压表 |
| DC AMMETER | 直流电流表 |
| AC VOLTMETER | 交流电压表 |
| AC AMMETER | 交流电流表 |

图 3.2.1  虚拟仪器列表

下面详细介绍几种虚拟仪器的使用方法，其余虚拟仪器的使用方法请读者参考相关文献。

## 3.2.1  示波器(OSCILLOSCOPE)

示波器主要用于观察电路中任意一点的波形，通过波形及时分析电路的正确性。

**1. 放置示波器**

(1) 点击 PROTEUS 工具栏的"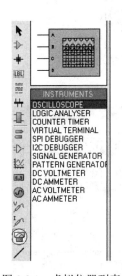"图标，将弹出如图 3.2.1 所示的对话框。图 3.2.1 中列出了所有虚拟仪器的名称列表。

(2) 用鼠标点击"OSCILLOSCOPE"，在预览窗口中将出现示波器符号。

(3) 在图形编辑区中单击鼠标左键，即可放置示波器。

**2. 示波器的使用方法**

(1) 该示波器共有 4 个通道，分别为 A、B、C、D，可同时观察电路中任意 4 点的波形。按照图 3.2.2 所示，用示波器 A 通道观察正弦波信号，B 通道观察数字时钟信号，参数设置如表 3.2.2 所示，观察到的波形如图 3.2.3 所示。

表 3.2.2　用示波器 A、B 通道观察波形参数

| 激励源名称 | 幅值/V | 频率/kHz | 相位/(°) |
|---|---|---|---|
| SINE | 2 | 1 | 0 |
| CLK | 5 | 1 | 0 |

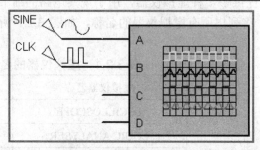

图 3.2.2　激励源与示波器连接图

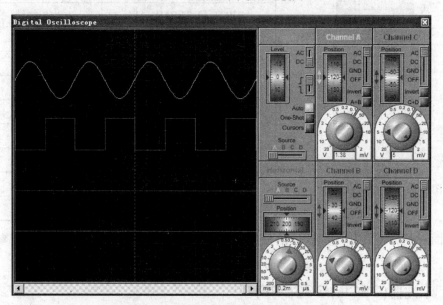

图 3.2.3　示波器显示正弦波和矩形波波形

(2) 示波器的操作区分为以下六个部分：

- Trigger：触发区。
- Horizontal：水平区。
- Channel A：A 通道(黄色)。
- Channel B：B 通道(蓝色)。
- Channel C：C 通道(红色)。
- Channel D：D 通道(绿色)。

① 触发区。图 3.2.4 中，"Level"用于调节水平坐标；"Auto"按钮一般呈红色显示，为自动触发模式；"Cursors"为指针模式，在该模式下，可在图像显示区标注横坐标和纵坐标，从而可读出波形的周期和峰峰值，如图 3.2.5 所示。单击右键，可清除所有的标注、打印及通道颜色设置等信息。

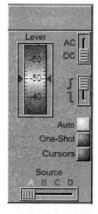

图 3.2.4　触发区

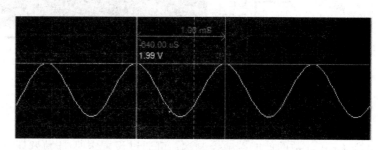

图 3.2.5　指针模式下的标注幅值和周期

② 水平区。图 3.2.6 中"Position"按钮用于调整波形的水平位移，下面的旋钮用于调节波形的宽窄，白色区域刻度表示图形区每格所表示的周期大小，外旋钮为粗调旋钮，内旋钮为微调旋钮。

③ 4 个通道区。图 3.2.7 所示为 A 通道区(黄色显示)。4 个通道的功能完全一样，"Position"按钮主要用于调节 A 通道波形的垂直位移，右边旋钮"AC"、"DC"、"GND"、"OFF"、"Invert"、"A+B"的功能分别为交流耦合、直流耦合、接地、关闭通道、反相、A 通道和 B 通道信号相加，下面的旋钮用于调节波形显示幅值的大小，白色区域刻度表示图形区每格所对应的电压值，外旋钮为粗调旋钮，内旋钮为微调旋钮。

图 3.2.6　水平区

图 3.2.7　A 通道区

小提示

在仿真状态下，如果点击示波器波形显示窗口的"　"按钮，则关闭示波器，要想再恢复示波器的显示，需选择主菜单的 Debug→Digital Oscilloscope。

### 3.2.2　定时/计数器(COUNTER TIMER)

定时/计数器可用于显示外部计数脉冲的频率，也可作为秒表、时钟使用。定时/计数器的外观如图 3.2.8 所示。

图 3.2.8　定时/计数器的外观

### 1. 定时/计数器的输入端

定时/计数器主要有三个输入端：

(1) CLK：计数或测频状态下，数字信号的输入端。

(2) CE：计数的使能端或控制端，可通过设置定时/计数器属性对话框将其设为高电平或低电平有效，当此信号无效时，计数暂停，保持目前的计数值，一旦 CE 使能端有效，则继续计数。

(3) RST：复位端，可设为上升沿(Low-High)或下降沿(High-Low)复位。当复位端有效时，计数复位到 0，然后从 0 开始重新计数。

### 2. 定时/计数器的属性设置

用鼠标双击图 3.2.8，可弹出如图 3.2.9 所示的对话框。在该对话框中可设置定时/计数器的工作方式(Operating Mode)。定时/计数器共有四种不同的工作方式：

(1) Time(secs)：定时方式，相当于一个秒表，最多计 100 秒。CLK 端无需外加输入信号，内部自动计时，可由 CE 和 RST 端来控制暂停或复位。

(2) Time(hms)：定时方式，相当于一个具有小时、分、秒的时钟，最多计 10 小时。CLK 端无需外加输入信号，内部自动计时，可由 CE 和 RST 端来控制暂停或复位。

(3) Frequency：测频方式，当 CE 有效且 RST 无效时，能稳定显示 CLK 外加脉冲的频率。

(4) Count：计数方式，能够统计 CLK 外加脉冲的周期数，最多计满 8 位。

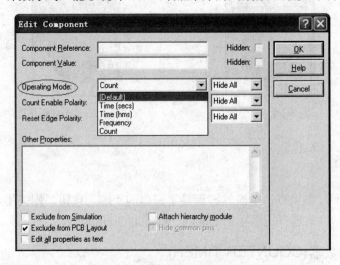

图 3.2.9　定时/计数器的属性设置

练习 1：连接电路如图 3.2.10 所示，定时/计数器的工作方式设置为 Time(hms)，使能端 CE 设为高电平有效，复位端 RST 设置为下降沿(High-Low)有效，如图 3.2.11 所示。开始仿真时，若开关 S1 闭合，则暂停定时，断开则继续定时，可通过开关 S1 的状态来决定是否暂停定时；若开关 S2 由断开转为闭合，则定时器清零。

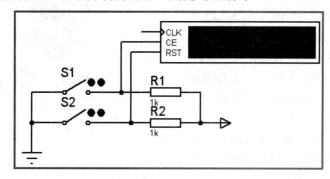

图 3.2.10  定时/计数器的定时仿真

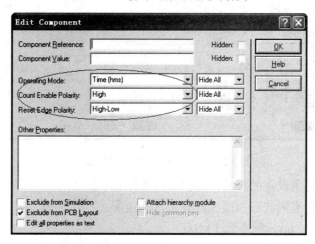

图 3.2.11  定时/计数器定时属性设置

练习 2：连接电路如图 3.2.12 所示，定时/计数器的工作方式设置为 Frequency，使能端 CE 设为高电平有效，复位端设置为下降沿(High-Low)有效，外加数字时钟 CLK 的频率设为 1 kHz。仿真时，若开关 S1 和 S2 都断开，则可观察到定时/计数器的测频结果显示为 1000 Hz。

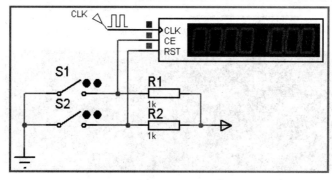

图 3.2.12  定时/计数器测频结果显示

### 3.2.3　信号发生器(SIGNAL GENERATOR)

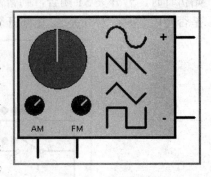

PROTEUS 信号发生器主要为电路提供四种波形,即方波、锯齿波、三角波和正弦波,同时还具有调频(FM)和调幅(AM)的功能,其外观如图 3.2.13 所示。

进行仿真时,将弹出如图 3.2.14 所示的界面,在此界面可设置波形的频率和幅值。图 3.2.14 中,左边两个旋钮为频率调整旋钮,左边第一个为微调,左边第二个为粗调;中间两个旋钮为幅值调整旋钮,分别为微调和粗调;右边两个按钮,上面为波形的选择按钮,可选择方波、锯齿波、三角波和正弦波四种,下面为极性选择按钮,可选择双极型(Bi)和单极型(Uni)三极管电路,用于和外电路配合使用。图 3.2.14 中,设置频率为 1 kHz,峰峰值为 4 V,波形为正弦波。

图 3.2.13　信号发生器

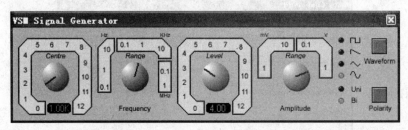

图 3.2.14　信号发生器仿真界面设置

练习 1:按上述所设置的参数,将信号发生器和示波器连接并观察其波形。连接电路如图 3.2.15 所示,仿真的波形如图 3.2.16 所示。由图 3.2.16 可知,正弦波幅值为 2 V,峰峰值为 4 V,周期为 1 ms,频率为 1 kHz。

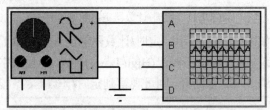

图 3.2.15　信号发生器和示波器连接图

图 3.2.16　示波器的显示波形

练习 2：信号发生器的调幅(AM)功能的使用。电路如图 3.2.17 所示，在调幅端加入 2 V 的直流电源，正弦波信号的参数和上述一样。图 3.2.16 和图 3.2.18 分别是调幅前和调幅后的对比图。由图 3.2.16 和图 3.2.18 可知，调幅后，正弦波的幅值增大了 1 V，即峰峰值增大了 2 V。

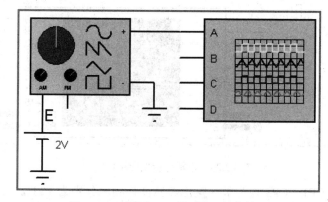

图 3.2.17　调幅(AM)与示波器的连接图

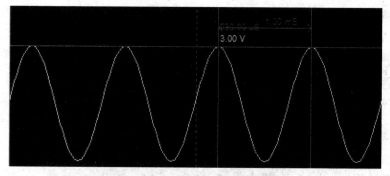

图 3.2.18　调幅后示波器显示波形

## 3.2.4　逻辑分析仪(LOGIC ANALYSER)

逻辑分析仪的工作过程就是数据采集、存储、触发、显示的过程。由于采用数字存储技术，因此可将数据采集工作和显示工作分开进行，也可同时进行，必要时可对存储的数据进行反复显示，以利于对问题的分析和研究。逻辑分析仪的外观如图 3.2.19 所示。

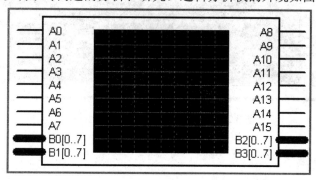

图 3.2.19　逻辑分析仪

图 3.2.19 中，A0～A15 为 16 位数字信号输入端；B0～B3 为总线输入，每条总线输入支持 16 位数据，主要用于观察单片机的输出信号。仿真后可同时观察 A0～A15、B0～B3 的数据波形。其应用电路如图 3.2.20 所示。

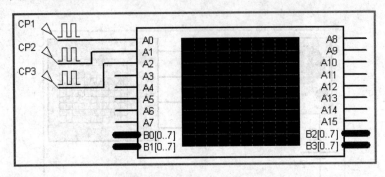

图 3.2.20　逻辑分析仪应用电路图

图 3.2.20 中，CP1～CP3 均为数字矩形波脉冲，频率分别为 1 kHz、500 Hz 和 250 Hz。进行仿真，将弹出如图 3.2.21 所示的界面，点击触发区的捕捉(Capture)按钮，开始显示波形，该捕捉按钮先变红，后变绿，最终显示的波形如图 3.2.21 所示。在进行仿真的同时可利用指针模式(Cursors)进行波形周期及幅值测量。

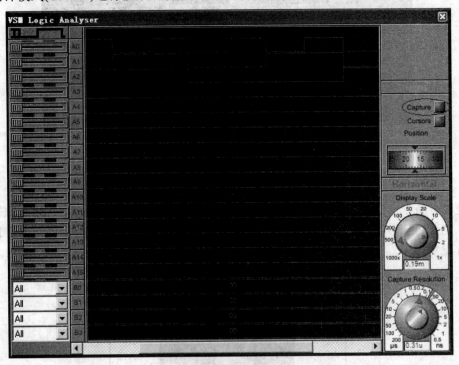

图 3.2.21　逻辑分析仪的最终显示波形

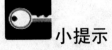

小提示

在仿真状态下，若逻辑分析仪显示不出波形，则需调节图 3.2.21 中右下角的分辨率，然后按捕捉(Capture)按钮即可显示波形。

### 3.2.5　电压表和电流表(VOLTMETER & AMMETER)

PROTEUS 提供了四种电表，分别是直流电压表(DC VOLTMETER)、直流电流表(DC AMMETER)、交流电压表(AC VOLTMETER)和交流电流表(AC AMMETER)。四种电表的符号如图 3.2.22 所示。

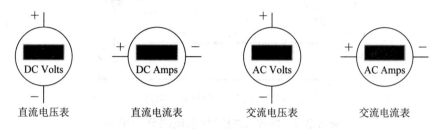

图 3.2.22　四种电表的符号

下面介绍电表的属性设置(以直流电压表为例)。双击直流电压表，则弹出如图 3.2.23 所示的对话框，"Component Reference"用于设置电压表的名称，"Component Value"用于设置元件值，一般无需设置，"Display Range"用于设置电压表的单位为伏特(Volts)、毫伏(Millivolts)和微伏(Microvolts)，默认值为伏特，设置完毕后点击"OK"键即可。

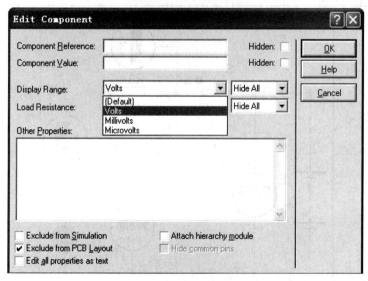

图 3.2.23　直流电压表属性设置

小提示

在仿真状态下，若电表的显示数值为 0 或与预期值不符，则需检查电表的单位设置是否合适。

练习：发光二极管显示电路如图 3.2.24 所示，所用元件清单如表 3.2.3 所示。按图连接好电路，为电路增加电压表和电流表，测量电路中每个元件的电压及电路中的电流，显示结果如图 3.2.25 所示。注意，电压表单位需设置为伏特(Volts)，电流表单位需设置为毫安(Milliamps)。

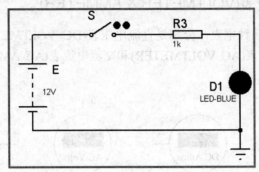

图 3.2.24　发光二极管显示电路

表 3.2.3　发光二极管显示电路元件清单

| 元件名 | 类 | 子类 | 数量 | 参数 | 备注 |
|---|---|---|---|---|---|
| BATTERY | Simulator Primitives | Sources | 1 | 12 V | 直流电源 |
| SWITCH | Switches and Relays | Switches | 1 | | 开关 |
| RES | Resistors | Generic | 1 | 1 kΩ | 电阻 |
| LED-BLUE | Optoelectronics | LEDS | 1 | | 发光二极管 |

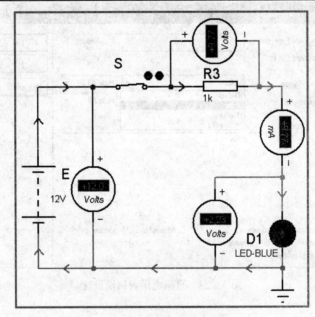

图 3.2.25　电表的应用电路

# 3.3　探针与仿真图表

PROTEUS 为用户提供了交互式仿真功能，便于观察电路中的细节，但这些仪器的仿真结果和状态随着仿真的结束也消失了，不能满足打印及长时间分析的要求。

PROTEUS 提供了一种基于静态的图表仿真，无需进行仿真，随着电路参数的改变，电路中各点的波形也随之生成，并以图表的形式永久保留在电路中，以满足以后分析及打印等要求。下面首先简单介绍图表仿真前如何放置探针。

### 3.3.1　探针

PROTEUS 提供了两种类型的探针，分别为电压探针和电流探针。探针可直接布置在线路上，用于实时采集和测量电压/电流信号。点击 PROTEUS 工具栏中的"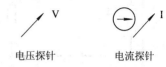"和""图标，可分别放置电压探针和电流探针。电压探针和电流探针的符号如图 3.3.1 所示。

图 3.3.1　电压探针和电流探针

#### 1．电压探针(Voltage Probes)

电压探针既可在模拟仿真中使用，也可在数字仿真中使用。它在模拟电路中记录真实的电压值，在数字电路中记录逻辑电平及其强度。

#### 2．电流探针(Current Probes)

电流探针仅在模拟电路仿真中使用，不可用于数字电子电路。在模拟电子电路中，电流探针必须放置在电路的连线上，可显示电流方向和电流瞬时值。

在图形编辑区放置探针后，如果探针没有放置在连线上，则 PROTEUS 自动为探针分配的名称为"？"，表明探针此时还没有被标注。当探针直接放置在连线上时，PROTEUS 将分配第一个连接到线上的元件参考值或引脚的名称作为探针名称。当然，用户可以编辑电压探针和电流探针属性，直接修改探针名称，如图 3.3.2 和图 3.3.3 所示。

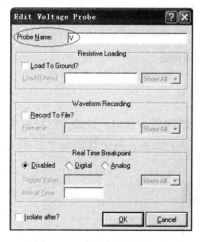

图 3.3.2　电压探针属性设置

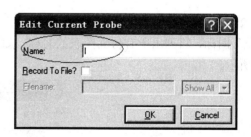

图 3.3.3　电流探针属性设置

 小提示

电压探针和电流探针既可用于交互式仿真，也可用于基于图表的仿真。

练习 1：如图 3.3.4 所示，现欲利用电压探针测量电阻 R5 上的电压。为电路添加电压探针，如图 3.3.5 所示。仿真后，电压探针显示的数值为 0.454 545 V，与实际电压值相符。

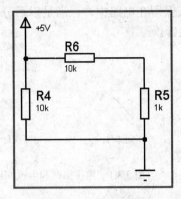 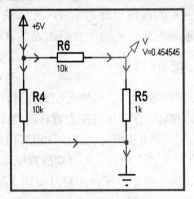

图 3.3.4　电阻分压电路　　　　　　　　图 3.3.5　电压探针应用电路

练习 2：如图 3.3.4 所示，现欲利用电流探针测量流过电阻 R5 的电流。为电路添加电流探针，如图 3.3.6 所示。仿真后，电流探针显示的数值为 0.000 454 545 A。

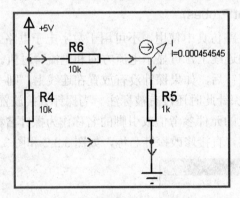

图 3.3.6　电流探针应用电路

## 3.3.2　仿真图表

PROTEUS 为用户提供了多种仿真图表，用于电路的图表仿真。点击 PROTEUS 工具栏的"⬚"图标，将列出所有仿真图表的名称，如图 3.3.7 所示。各仿真图表名称及含义如表 3.3.1 所示。

图 3.3.7　仿真图表列表框

表 3.3.1　仿真图表名称及含义

| 仿真图表名称 | 含　　义 |
|---|---|
| ANALOGUE | 模拟图表 |
| DIGITAL | 数字图表 |
| MIXED | 混合分析图表 |
| FREQUENCY | 频率分析图表 |
| TRANSFER | 转移特性分析图表 |
| NOISE | 噪声分析图表 |
| DISTORTION | 失真分析图表 |
| FOURIER | 傅立叶分析图表 |
| AUDIO | 音频分析图表 |
| INTERACTIVE | 交互分析图表 |
| CONFORMANCE | 一致性分析图表 |
| DC SWEEP | 直流扫描分析图表 |
| AC SWEEP | 交流扫描分析图表 |

本节以模拟电子技术中基本放大电路为例来说明模拟仿真图表的使用，其它仿真图表的使用请读者参考后续章节及其它相关文献。

练习：三极管基本放大电路如图 3.3.8 所示。电路中所用元件清单如表 3.3.2 所示。

表 3.3.2　基本放大电路元件清单

| 元件名 | 类 | 子类 | 数量 | 参数 | 备注 |
|---|---|---|---|---|---|
| NPN | Transistors | Generic | 1 | | 三极管 |
| SWITCH | Switches and Relays | Switches | 1 | | 开关 |
| RES | Resistors | Generic | 3 | 200 kΩ，2 kΩ，3 kΩ | 电阻 |
| POT-HG | Resistors | Variable | 1 | 1 MΩ | 电位器 |
| CAP-ELEC | Capacitors | Generic | 2 | 10 μF | 电解电容 |

电路说明：放大前小信号为正弦波信号，幅值为 20 mV，频率为 1 kHz，初相位为 0°，开关 S3 闭合表示接入负载，断开表示空载。

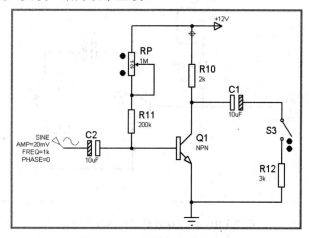

图 3.3.8　三极管基本放大电路

### 1. 静态测试(调节静态工作点 Q)

调节电位器 RP，用虚拟仪器中的直流电压表测量三极管集电极和发射极之间的电压，使之达到 6 V，保证三极管工作于放大状态，如图 3.3.9 所示。图中，测量电压 $U_{CE} = 6.11$ V。

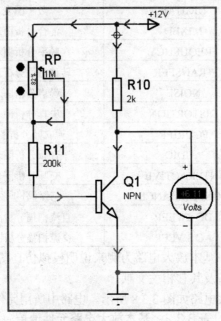

图 3.3.9　调整静态工作点 Q

### 2. 动态测试

(1) 基于图表的仿真就是利用探针记录电路的波形，最后显示在图表中，因此首先要在电路的期望点放置探针。点击 PROTEUS 工具栏的电压探针符号"⟋"，在图 3.3.8 中输出点放置探针，放置后点击探针修改其名称为"Vout"，如图 3.3.10 所示。

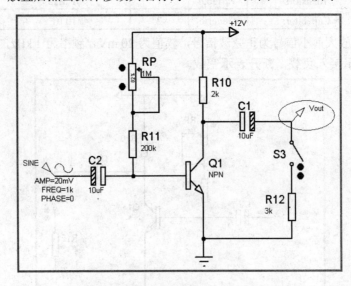

图 3.3.10　添加探针后的基本放大电路

(2) 放置模拟仿真图表。本例希望通过图表显示输入电压波形与输出电压波形之间的关系，因此需要放置一个模拟仿真图表。点击 PROTEUS 工具栏中的"⬚"图标，在对象选择器中选择"ANALOGUE"，在图形编辑区空白处点击鼠标，并拖动鼠标，将出现一个矩形图表轮廓，如图 3.3.11 所示。

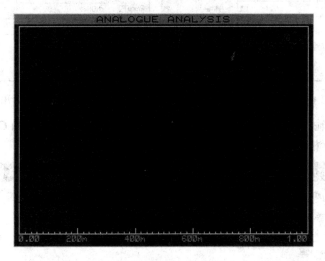

图 3.3.11　模拟仿真图表

(3) 设置探针和激励源。仿真图表用于绘制在设置时间内电压探针或电流探针随时间变化其变量发生变化的结果。因此需要在仿真图表中添加探针及激励源。点击图 3.3.11 所示的仿真图表的标题栏，将弹出如图 3.3.12 所示的对话框，选择 Graph→Add Trace，将弹出如图 3.3.13 所示的对话框。按图 3.3.13 设置激励源并将其添加到图表中。其中，激励源名称为"SINE"，轨迹类型选择"Analog"，坐标轴在图表的左边。同理，添加输出电压探针，名称为"Vout"，轨迹类型选择"Analog"，坐标轴在图表的右边，如图 3.3.14 所示。

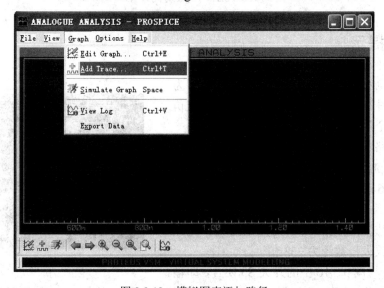

图 3.3.12　模拟图表添加路径

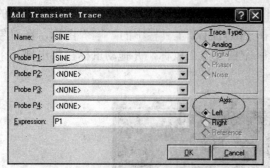

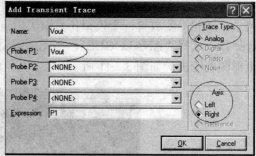

图 3.3.13　添加激励源探针　　　　　　　图 3.3.14　添加输出探针

添加好输入/输出探针之后，需要设置仿真时间。点击 Graph→Edit Graph，将弹出如图 3.3.15 所示的对话框，按图中所设置的参数进行设置。

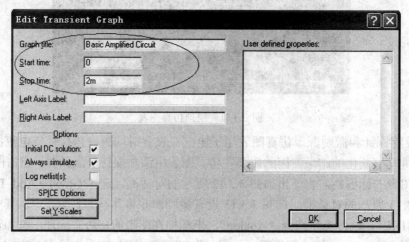

图 3.3.15　仿真时间设置

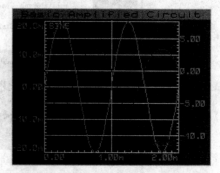

小提示

由于激励源的频率设置为 1 kHz，周期即为 1 ms，所以图表仿真时间设置为 2 ms，即图表仿真只显示两个周期的波形。

（4）电路输出波形仿真。点击 Graph→Simulate Graph，或选择快捷键 Space，即可观察到如图 3.3.16 所示的仿真图表。由该图表可知，输入正弦波(绿色)SINE 的峰峰值为 40 mV，输出放大后的正弦波(红色)峰峰值约为 4.66 V，则该电路的电压放大倍数约为 233 倍。

图 3.3.16　模拟仿真图表

进阶 1：将图 3.3.10 中的开关 S3 闭合，即输出端带负载工作，再选择快捷键 Space，发现模拟仿真图表变为图 3.3.17，测量其输入波形与输出波形的峰峰值，其放大倍数随之减小到大约 150。

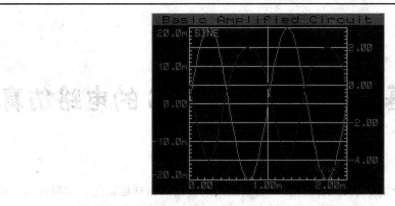

图 3.3.17　开关 S3 闭合后的模拟仿真图表

　　进阶 2：调节电位器 RP，输出波形随之发生改变，直到输出波形出现失真为止，如图 3.3.18 所示。此时出现的失真为饱和失真。

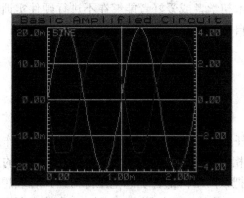

图 3.3.18　失真波形模拟仿真图表

# 第 4 章　基于 PROTEUS ISIS 的电路仿真

在第 3 章中详细介绍了 PROTEUS 各种仿真工具的使用，包括激励源、虚拟仪器、探针及仿真图表，使用这些虚拟仿真工具可判读电路的可行性，或对电路进行详细分析。本章将对"电路基础"课程中常用的一些实训项目应用 PROTEUS ISIS 进行电路仿真，让读者对 PROTEUS 中的电路仿真技术、虚拟仪器和仿真图表有更为详细的了解，并能熟练使用，同时也便于电子技术初学者或爱好者能够在不进行硬件实训的前提下顺利完成实训，得到实训数据，设计出自己的理想电路，从而减少元件的浪费，缩短设计周期，提高设计的成功率。

## 4.1　戴维南定理实训

戴维南定理：对于任意线性有源二端网络，其对外电路的作用可以用一个电动势为 E 的理想电压源和内阻 R 相串联的电压源等效，其中理想电压源的电动势 E 等于二端网络的开路电压，内阻 R 等于把该网络内部各理想电压源短路，各理想电流源开路后所对应无源二端网络的等效电阻。等效前的电路如图 4.1.1 所示，电路中所用元件清单如表 4.1.1 所示。

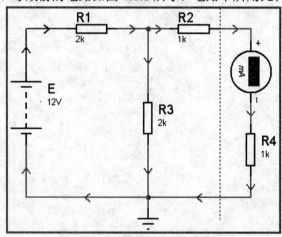

图 4.1.1　戴维南等效前的电路

表 4.1.1　戴维南定理实训元件清单

| 元件名 | 类 | 子类 | 数量 | 参数 | 备注 |
|---|---|---|---|---|---|
| BATTERY | Simulator Primitives | Sources | 1 | 12 V | 电源 |
| RES | Resistors | Generic | 4 | 1 kΩ、2 kΩ 各 2 个 | 电阻 |

通过图 4.1.1 的仿真结果来看，利用直流电流表测量电阻 R4 的电流为 2 mA。根据戴维南等效定理，图 4.1.1 所示电路可以分别等效为图 4.1.2 和图 4.1.3 所示的电路，其中测量开路电压 E = 6 V，等效内阻 R = 2 kΩ。

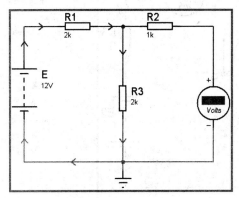 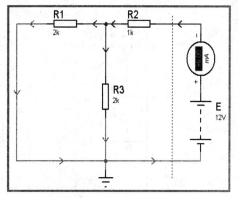

图 4.1.2　测量开路电压值 E　　　　　　　　　图 4.1.3　间接法测量等效内阻 R

小提示

在仿真状态下，若直流电流表显示数值一直为 0，则需设置电流表的单位。如本例中，需设置直流电流表的单位为 mA。

图 4.1.1 所示电路等效后如图 4.1.4 所示。可见，通过戴维南定理等效后测得电阻 R4 的电流仍为 2 mA，从而验证了戴维南定理的正确性。

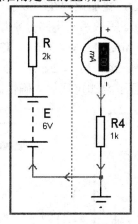

图 4.1.4　戴维南定理等效后电路

# 4.2　叠加定理实训

叠加定理：在线性网络中，当有多个电源共同作用时，在电路中任一支路所产生的电压(或电流)等于各电源单独作用时在该支路所产生的电压(或电流)的代数和。叠加定理实训电路如图 4.2.1 所示，元件清单如表 4.2.1 所示。

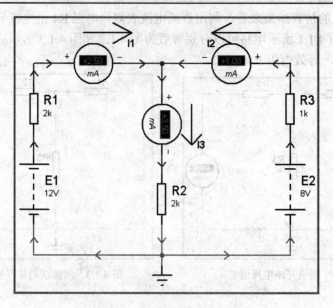

图 4.2.1　叠加定理等效前电路

表 4.2.1　叠加定理实训元件清单

| 元件名 | 类 | 子类 | 数量 | 参数 | 备注 |
|---|---|---|---|---|---|
| BATTERY | Simulator Primitives | Sources | 2 | 12 V 和 8 V | 电源 |
| RES | Resistors | Generic | 3 | 1 kΩ，2 kΩ，2 kΩ | 电阻 |

通过对图 4.2.1 的仿真结果来看，叠加定理在等效前三个电流的值分别为 $I1 = 2.5$ mA，$I2=1$ mA，$I3=3.5$ mA，方向如图所示。等效后的电路分别如图 4.2.2 和图 4.2.3 所示。图 4.2.2 测量的三个电流值分别为 $I1' = 4.5$ mA，$I2' = -3$ mA，$I3' = 1.5$ mA，图 4.2.3 测量的三个电流值分别为 $I1'' = -2$ mA，$I2''= 4$ mA，$I3''= 2$ mA，根据叠加定理，$I1 = I1' + I1''$，$I2 = I2' + I2''$，$I3 = I3' + I3''$，从而验证了叠加定理的正确性。

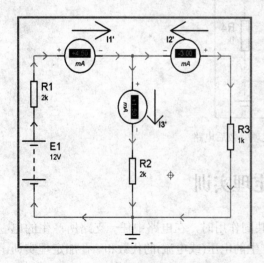

图 4.2.2　当 E1 作用，E2 不作用时

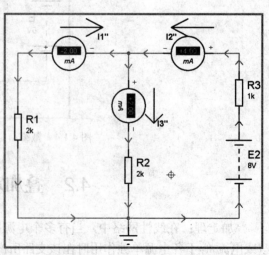

图 4.2.3　当 E2 作用，E1 不作用时

# 4.3　基尔霍夫电压电流定律实训

基尔霍夫电流定律(KCL)：在电路中，对任意节点或闭合面来说，流入节点或闭合面的电流恒等于流出节点或闭合面的电流。

基尔霍夫电压定律(KVL)：在任意瞬间，在任意闭合回路中，沿任意环形方向(顺时针或逆时针)回路中各段电压的代数和恒等于 0。

基尔霍夫电压和电流定律实训电路如图 4.3.1 所示，元件清单如表 4.3.1 所示。

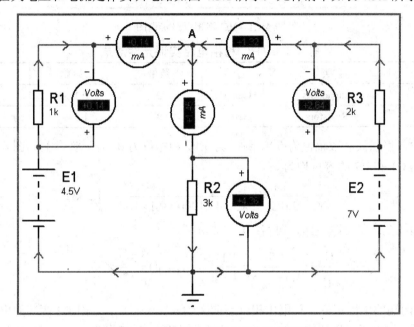

图 4.3.1　基尔霍夫电压电流定律实训图

**表 4.3.1　基尔霍夫电压电流定律实训元件清单**

| 元件名 | 类 | 子类 | 数量 | 参数 | 备注 |
|--------|----|----|------|------|------|
| BATTERY | Simulator Primitives | Sources | 2 | 4.5 V 和 7 V | 电源 |
| RES | Resistors | Generic | 3 | 1 kΩ，2 kΩ，3 kΩ | 电阻 |

从仿真的结果来看，针对节点 A，三个电流表的读数分别为 0.14 mA、1.32 mA 和 1.45 mA，其代数和为 0。针对左边和右边两个回路来说，其电压的代数和也恒为 0，从而验证了基尔霍夫电压电流定律的正确性。

# 4.4　RC 移相电路实训

RC 串联电路利用的是电容器充放电的延迟作用，常用作低频振荡器中的阻容移相电路。RC 移相电路实训图如图 4.4.1 所示，实训元件清单如表 4.4.1 所示。

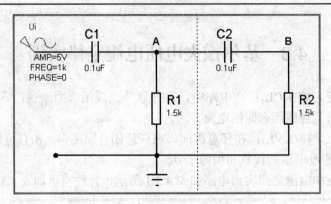

图 4.4.1　RC 移相电路实训图

表 4.4.1　RC 移相电路实训元件清单

| 元件名 | 类 | 子类 | 数量 | 参数 | 备注 |
|---|---|---|---|---|---|
| CAP | Capacitors | Generic | 2 | 0.1 μF | 电容 |
| RES | Resistors | Generic | 2 | 1.5 kΩ | 电阻 |

调节输入正弦波参数幅值为 5 V，频率为 1 k，初相位为 0，各元件参数如图 4.4.1 所示。两个电容器 C1 和 C2 的容抗均为

$$X_C = \frac{1}{\omega C} = \frac{1}{2\pi fC} = \frac{1}{2 \times 3.14 \times 1000 \times 0.1 \times 10^{-6}} \approx 1.5 \text{ kΩ}$$

考虑虚线左边的一阶电路，可得：

$$\frac{\dot{U}_A}{\dot{U}_i} = \frac{1.5}{1.5 - j1.5} = \frac{1}{1 - j1} = \frac{1}{2}(1 + j1) = \frac{\sqrt{2}}{2} \angle 45°$$

则电阻 R1 两端的电压相位比总电压相位超前大约 45°。同理，电阻 R2 两端的电压相位比电阻 R1 两端的电压相位超前大约 45°。(注：上述公式中 $U_i$ 与图中不一致，i 位于下标位置，主要是为了使公式更加简洁明了，同理，$U_A$ 也是基于同样的考虑。后面均如此处理，不再说明。)利用示波器观察输入端 A 点和 B 点的电压波形，电路的连接形式如图 4.4.2 所示，显示的波形如图 4.4.3 所示，最上面显示的是输入波形 Ui，中间显示的是 A 点波形，最下面显示的是 B 点波形，A 点波形相位超前输入端波形相位 45°，B 点波形相位超前 A 点波形相位 45°。

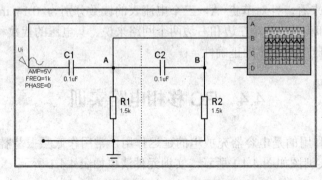

图 4.4.2　RC 移相电路与示波器的连接图

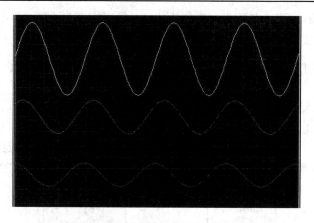

图 4.4.3　RC 移相电路各点波形显示

# 4.5　LC 串联谐振电路实训

　　LC 串联谐振电路多用于从多频率中选出所需的频率成分，如收音机调台，电视机选择电视频道，通信中要滤除某个频率成分等，串联电路发生谐振的条件是外加信号频率 fi 与电路的固有频率 f0 相等。串联谐振电流的谐振频率 $f0 = \dfrac{1}{2\pi\sqrt{LC}}$，谐振电路如图 4.5.1 所示，元件清单如表 4.5.1 所示。

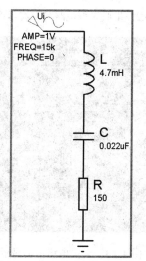

图 4.5.1　串联谐振电路实训图

**表 4.5.1　串联谐振电路实训元件清单**

| 元件名 | 类 | 子类 | 数量 | 参数 | 备注 |
|---|---|---|---|---|---|
| CAP | Capacitors | Generic | 1 | 0.022 μF | 电容 |
| RES | Resistors | Generic | 1 | 150 Ω | 电阻 |
| INDUCTORS | Inductors | Generic | 1 | 4.7 mH | 电感 |

调节输入信号源正弦波参数为：幅值为 1 V，频率粗调为 15 k(需调节)，初相位为 0，电阻、电容和电感参数如图 4.5.1 所示。根据谐振公式，可计算出该电路的固有频率为

$$f_0 = \frac{1}{2\pi\sqrt{LC}} = \frac{1}{2\pi\sqrt{4.7\times10^{-3}\times0.022\times10^{-6}}} \approx 15.8 \text{ kHz}$$

所以需调节输入信号源正弦波的频率在 15.8 kHz 左右，反复调试，直至观察到电阻上的电压波形和输入正弦波电压波形同相，此时正弦波信号的频率即为电路的谐振频率。利用示波器观察输入正弦波波形和电阻上的电压波形，电路与示波器的连接如图 4.5.2 所示，仿真波形如图 4.5.3 所示。从仿真结果来看，该串联谐振电路的谐振频率约为 15.4 kHz。

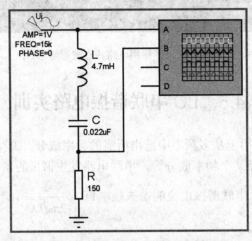

图 4.5.2　串联谐振电路与示波器连接图

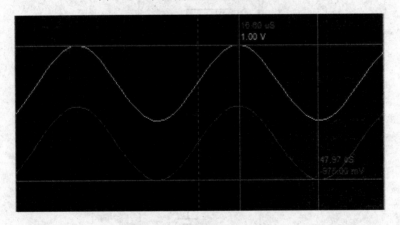

图 4.5.3　谐振电路波形显示

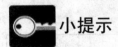 小提示

若串联谐振电路发生谐振，则其输入端正弦波波形的相位与电阻上的波形相位相同。本实训即是利用此特性，使用示波器观察上述两波形，通过从波形相位上观察电路来实现谐振功能。

# 4.6　RC 微分、积分及耦合电路实训

RC 微分、积分及耦合电路都是 RC 串联电路，电路形式虽然相同，但电路参数不同，参数的差异由"量变到质变"形成性质截然不同的电路。RC 微分、积分及耦合电路如图 4.6.1 所示，电路所用元件清单如表 4.6.1 所示。

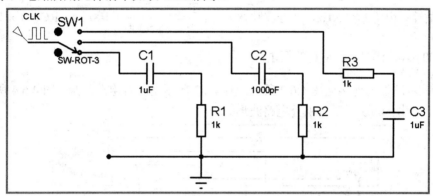

图 4.6.1　RC 微分、积分及耦合电路实训图

**表 4.6.1　RC 微分、积分及耦合电路实训元件清单**

| 元件名 | 类 | 子类 | 数量 | 参数 | 备注 |
|---|---|---|---|---|---|
| CAP | Capacitors | Generic | 3 | 1 μF 2 个，1000 pF 1 个 | 电容 |
| RES | Resistors | Generic | 3 | 1 kΩ | 电阻 |
| SW-ROT-3 | Switches & Relays | Switches | 1 | | 开关 |

该电路输入激励源为方波，频率为 5 kHz，幅值为 5 V，将单刀三掷开关分别拨向不同位置，即可实现耦合、微分及积分电路，如图 4.6.1 所示。下面简单介绍 RC 微分、积分及耦合电路的工作原理。

**1. RC 耦合电路原理**

(1) 条件：$R \gg X_C$，从电阻上输出，此时 $u_o \approx u_i$。

(2) 电路参数选择：R、C 参数分别选为 1 kΩ、1 μF。

(3) 估算：由于 $f = 5$ kHz，则电容容抗 $X_C = \dfrac{1}{\omega C} = \dfrac{1}{2 \times 3.14 \times 5000 \times 1 \times 10^{-6}} \approx 31.8 \, \Omega$，而 $R = 1$ kΩ，满足 $R \gg X_C$ 的要求。

**2. RC 微分电路原理**

(1) 条件：$RC \ll t_p$（$t_p$ 为输入方波周期的一半)，从电阻上输出，此时 $u_o \approx RC\dfrac{du_i}{dt}$。

(2) 电路参数选择：R、C 参数分别选为 1 kΩ、1000 pF。

(3) 估算：由于 $f = 5$ kHz，则方波脉宽为 $t_p = \dfrac{T}{2} = \dfrac{1}{2 \times 5000} \approx 100 \, \mu s$，而 $RC = 1 \times 10^3 \times$

$1000 \times 10^{-12} = 1\,\mu s$，满足 $RC \ll t_p$ 的要求。

### 3. RC 积分电路原理

(1) 条件：$RC \gg t_p$（$t_p$ 为输入方波周期的一半），从电容上输出，此时 $u_o \approx \dfrac{1}{RC}\displaystyle\int u_i\,dt$。

(2) 电路参数选择：R、C 参数分别选为 1 kΩ、1 μF。

(3) 估算：由于 $f = 5\,kHz$，则方波脉宽为 $t_p = \dfrac{T}{2} = \dfrac{1}{2 \times 5000} \approx 100\,\mu s$，$RC = 1 \times 10^3 \times 1 \times 10^{-6} = 1000\,\mu s$，满足 $RC \gg t_p$ 的要求。

电路与示波器的连接如图 4.6.2 所示。图 4.6.3 所示是耦合电路波形，图 4.6.4 所示是微分电路波形，图 4.6.5 所示是积分电路波形。

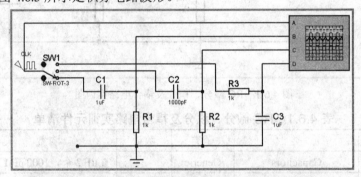

图 4.6.2　RC 微分、积分和耦合电路与示波器连接图

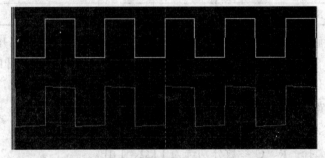

图 4.6.3　耦合电路波形

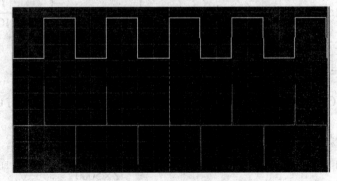

图 4.6.4　微分电路波形

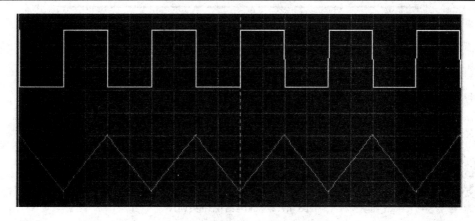

图 4.6.5　积分电路波形

# 4.7　继电器电路实训

继电器在自动控制、电力拖动等设备中是必不可少的器件。继电器的基本原理就是通电线圈产生电磁拉力，将常开触点闭合，而将常闭触点断开。继电器有交流继电器和直流继电器之分，交流继电器一般称为交流接触器，其电压等级有 36 V、220 V、380 V 等，直流继电器的电压等级有 3 V、5 V、9 V、12 V、24 V 等。5 V 直流继电器如图 4.7.1 所示，当线圈通过的电流足够大时，继电器的触点将动作，即常闭触点变为常开，常开触点变为常闭。

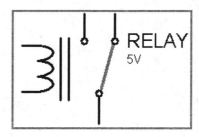

图 4.7.1　直流继电器

继电器电路实训图如图 4.7.2 所示，所用元件清单如表 4.7.1 所示。

表 4.7.1　继电器电路实训元件清单

| 元件名 | 类 | 子类 | 数量 | 参数 | 备注 |
|---|---|---|---|---|---|
| BATTERY | Simulator Primitives | Sources | 2 | 9 V，5 V | 电源 |
| SWITCH | Switches and Relays | Switches | 1 | | 开关 |
| RES | Resistors | Generic | 2 | 240 Ω，510 Ω | 电阻 |
| LED | Optoelectronics | LEDs | 1 | | 发光二极管 |
| RELAY | Switches & Relays | Relays(Generic) | 1 | | 继电器 |

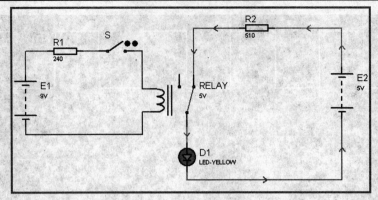

图 4.7.2　继电器电路实训图

　　该继电器电路实训图模拟路灯控制，图中继电器左边电路模拟白天和黑夜状况。当开关 S 断开时，·电路无电流，相当于黑夜；当开关 S 闭合时，电路有电流流过，相当于白天。发光二极管 D1 模拟路灯。当 S 断开时，流过继电器线圈的电流为 0，继电器触点无动作，则路灯 D1 点亮(相当于黑夜)；当 S 闭合，流过继电器线圈的电流足够大时，继电器触点开始动作，常闭触点变为常开触点，则右边电路断开，路灯熄灭(相当于白天)。

# 第5章　基于PROTEUS ISIS 的模拟电路仿真

　　第 4 章详细介绍了基于 PROTEUS ISIS 的电路仿真，主要研究的是含有线性电阻、电容和电感元件的电路，属于电路基础理论知识，相对较容易理解。对于以非线性元件二极管和三极管为核心的模拟电路，因交流和直流并存，元件的多重作用等，初学者学习起来并不轻松，而且模拟电路比较抽象，难理解，初学者在实验室的实训时间有限，那么如何更好地把难理解的理论知识转变成具有动态效果的电路图呢？这就是本章将重点介绍的基于 PROTEUS ISIS 的模拟电路仿真技术。

## 5.1　二极管应用电路测试实训

　　利用二极管的单向导电性，可实现整流、限幅、钳位、检波、保护、开关等功能。

### 1. 二极管整流电路(半波整流)

　　二极管半波整流电路如图 5.1.1 所示，所用元件清单如表 5.1.1 所示。

表 5.1.1　二极管半波整流电路实训元件清单

| 元件名 | 类 | 子类 | 数量 | 参数 | 备注 |
|--------|-----|------|------|------|------|
| 1N4001 | Diodes | Rectifiers | 1 | | 整流二极管 |
| RES | Resistors | Generic | 1 | 1 kΩ | 电阻 |

　　给实训电路添加正弦波激励源，设置其名称为 Ui，频率为 1 kHz，幅值为 5 V，初相位为 0，并在电路中添加电压探针，探针名称为 Vout，设置好的电路如图 5.1.2 所示。

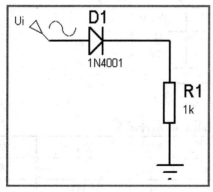

图 5.1.1　二极管半波整流电路实训

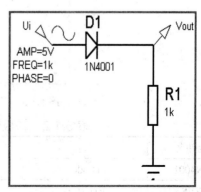

图 5.1.2　设置电路参数及添加探针

利用图表仿真来观察输入激励源 Ui 和输出探针 Vout 之间的图形关系，设置仿真图表名称为 diode，仿真时间为 3 ms(详细设置方法请参考第 3 章 3.3 节)，如图 5.1.3 所示。

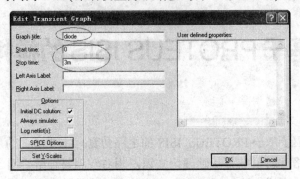

图 5.1.3　仿真图表设置

为图表仿真添加输入激励源 Ui 及探针 Vout，最后点击仿真，观察到二极管的半波整流前后波形如图 5.1.4 所示。

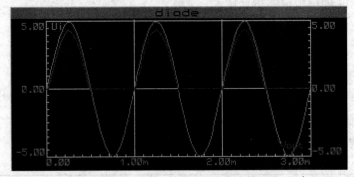

图 5.1.4　二极管半波整流前后波形图

### 2. 二极管限幅电路(上限幅)

二极管上限幅电路实训图如图 5.1.5 所示，电路所用元件清单如表 5.1.2 所示。

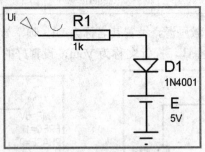

图 5.1.5　二极管上限幅电路实训图

表 5.1.2　二极管限幅电路实训元件清单

| 元件名 | 类 | 子类 | 数量 | 参数 | 备注 |
|---|---|---|---|---|---|
| 1N4001 | Diodes | Rectifiers | 1 | | 二极管 |
| RES | Resistors | Generic | 1 | 1 kΩ | 电阻 |
| CELL | Miscellaneous | | 1 | 5 V | 电源 |

给实训电路添加正弦波激励源，设置其名称为 Ui，频率为 1 kHz，幅值为 10 V，初相位为 0，并在电路中添加电压探针，探针名称为 Vout，设置好的电路如图 5.1.6 所示。

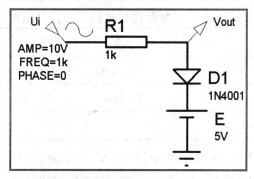

图 5.1.6 设置电路参数及添加探针

利用图表仿真来观察输入激励源 Ui 和输出探针 Vout 之间的图形关系，设置仿真图表名称为 diode，仿真时间为 3 ms，如图 5.1.7 所示。

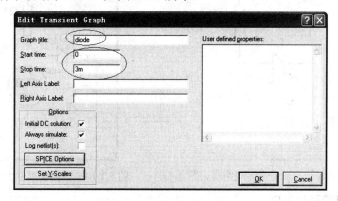

图 5.1.7 仿真图表设置

为图表仿真添加输入 Ui 及探针 Vout，最后点击仿真，观察到二极管的上限幅波形如图5.1.8 所示。

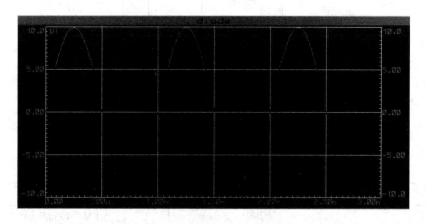

图 5.1.8 二极管限幅前后波形图

练习：如何利用二极管实现下限幅功能？电路应作何修改？请读者自行设计并实现。

### 3. 二极管钳位电路

二极管钳位电路实训图如图 5.1.9 所示，电路所用元件清单如表 5.1.3 所示。

表 5.1.3　二极管钳位电路实训元件清单

| 元件名 | 类 | 子类 | 数量 | 参数 | 备注 |
|---|---|---|---|---|---|
| 1N4001 | Diodes | Rectifiers | 1 | | 二极管 |
| RES | Resistors | Generic | 1 | 1 kΩ | 电阻 |
| CELL | Miscellaneous | | 1 | 3 V | 电源 |

图 5.1.9 中，由于二极管 D1 的负极电位为 3 V，总电源为 +12 V，所以二极管 D1 导通，其两端的导通压降大约为 0.7 V，则二极管正极电位被强制钳位到 3.68 V，如图 5.1.10 所示。

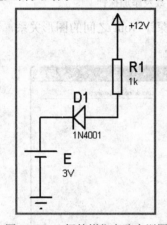

图 5.1.9　二极管钳位电路实训图

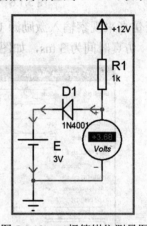

图 5.1.10　二极管钳位测量图

### 4. 稳压二极管稳压电路

稳压二极管稳压电路实训图如图 5.1.11 所示，所用元件清单如表 5.1.4 所示。

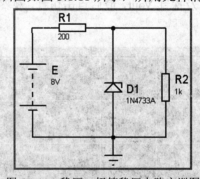

图 5.1.11　稳压二极管稳压电路实训图

表 5.1.4　稳压二极管稳压电路实训元件清单

| 元件名 | 类 | 子类 | 数量 | 参数 | 备注 |
|---|---|---|---|---|---|
| 1N4733A | Diodes | Zener | 1 | 5.1 V，49 mA | 稳压二极管 |
| RES | Resistors | Generic | 2 | 200 Ω，1 kΩ | 电阻 |
| BATTERY | Simulator Primitives | Sources | 1 | 8 V～15 V | 电源 |

由于所用稳压管的稳压值为 5.1 V，所以如果直流电压源大小调节为大于 5.1 V(但不能太大，否则容易烧坏稳压管)，则稳压管可以起稳压作用。图 5.1.12 和图 5.1.13 是电源 E = 8 V 和 E = 12 V 时测得的稳压管两端的电压值，大小分别如图所示。根据测量结果来看，不管输入端电压如何变化，稳压管两端的电压基本保持不变(5.1 V 左右)，达到了稳压效果。

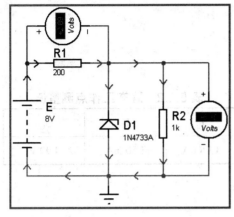

图 5.1.12　E = 8 V 时稳压管两端的电压

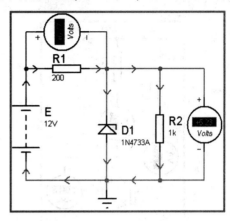

图 5.1.13　E = 12 V 时稳压管两端的电压

# 5.2　共射放大电路实训

在模拟电路中，单管共射放大电路是非常重要的内容，也是贯穿整个模拟电路的主线。以下就来介绍基于三极管的共射放大电路的调试与测量。单管共射放大电路实训图如图 5.2.1 所示，所用元件清单如表 5.2.1 所示。

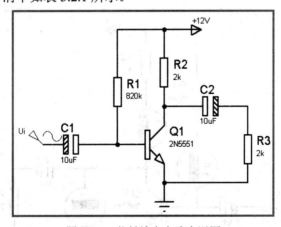

图 5.2.1　共射放大电路实训图

**表 5.2.1　共射放大电路实训元件清单**

| 元件名 | 类 | 子类 | 数量 | 参数 | 备注 |
|---|---|---|---|---|---|
| 2N5551 | Transistors | Bipolar | 1 | | 双极性三极管 |
| RES | Resistors | Generic | 3 | 820 kΩ，2 kΩ | 电阻 |
| CAP-ELEC | Capacitors | Generic | 2 | 10 μF | 电解电容 |

### 1. 共射放大电路静态工作点 Q 的测量

利用虚拟仪器中的直流电压表测量三极管 Q1 集电极和发射极之间的电压 $U_{CE}$，用直流安培表测量基极电流 $I_B$ 和集电极电流 $I_C$，如图 5.2.2 所示，测得的静态工作点 Q 如表 5.2.2 所示。

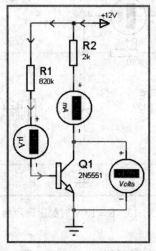

图 5.2.2　静态工作点 Q 的测量

**表 5.2.2　静态工作点测量值**

| $I_B$ | $I_C$ | $U_{CE}$ |
|---|---|---|
| 13.8 μA | 3.50 mA | 4.99 V |

### 2. 共射放大电路动态参数的测量

调节输入小信号的参数，信号源为正弦波信号，名称为 Ui，幅值为 20 mV，频率为 1 kHz，初相位为 0，并为电路输出端添加电压探针，探针名为 Vout，如图 5.2.3 所示。

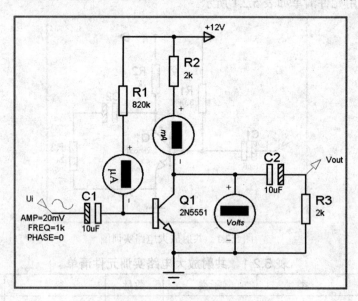

图 5.2.3　设置输入波形参数及添加探针

利用图表仿真来观察输入激励源 Ui 和输出探针 Vout 之间的图形关系，设置仿真图表名称为 Transistors，仿真时间为 3 ms，如图 5.2.4 所示。

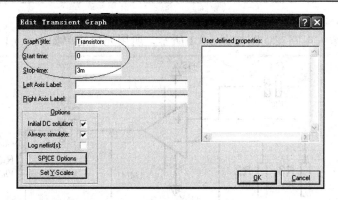

图 5.2.4　仿真图表设置

在仿真图表中添加输入与输出信号，其中输入信号 Ui 放置在图表的左侧，输出信号 Vout 放在图表的右侧。点击仿真，观察到共射放大电路的仿真图表如图 5.2.5 所示。

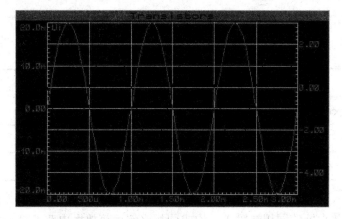

图 5.2.5　共射放大电路放大前后波形图

从仿真图表中可测出放大后信号峰峰值约为 4.62 V，而放大前信号峰峰值为 40 mV，则该电路的放大倍数约为：

$$A_u = \frac{u_o}{u_i} = \frac{4.62}{0.04} \approx 116$$

而且输入与输出之间的相位关系为反相。

# 5.3　集成负反馈放大电路实训

信号运算主要有反相比例运算、同相比例运算、加法运算、减法运算、积分运算、微分运算等。现大多采用集成运算放大器来进行信号运算，即利用外接负反馈元件使运放工作在深度负反馈的线性工作状态。在这些运算电路中，反相比例运算和同相比例运算是最重要、最基本的运算电路，很多应用电路都用到这两种基本运算。其它运算电路，如加法运算，可以看成是多个反相比例运算的组合，而减法电路则是反相比例运算和同相比例运算的组合，积分、微分等运算电路也和同相、反相电路有相同的结构形式，所以同相、反相电路是最基本、最重要的电路。下面两节分别介绍这两种电路。

集成负反馈放大电路实训图如图 5.3.1 所示，所用元件清单如表 5.3.1 所示。

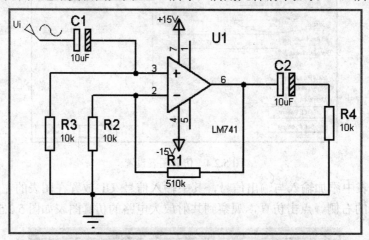

图 5.3.1　集成负反馈放大电路实训图

表 5.3.1　集成负反馈放大电路实训元件清单

| 元件名 | 类 | 子类 | 数量 | 参数 | 备注 |
|---|---|---|---|---|---|
| LM741 | Operational Amplifiers | Single | 1 | | 集成运算放大器 |
| RES | Resistors | Generic | 4 | 10 kΩ，510 kΩ | 电阻 |
| CAP-ELEC | Capacitors | Generic | 2 | 10 μF | 电容 |

在图 5.3.1 中，集成运算放大器 LM741 采用双电源供电，供电电压为 ±15 V，放大前输入信号从运算放大器的同相端输入，构成同相比例运算放大电路，理论放大倍数为

$$A_u = 1 + \frac{R_1}{R_2} = 1 + 51 = 52$$

现设置输入正弦波小信号的名称为 Ui，幅值为 20 mV，频率为 1 kHz，初相位为 0，并为电路输出端添加电压探针，探针名为 Vout，如图 5.3.2 所示。

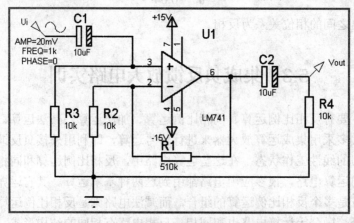

图 5.3.2　设置输入电压参数及添加探针

利用图表仿真来观察输入激励源 Ui 和输出探针 Vout 之间的图形关系，设置仿真图表名称为 Operational Amplifier，仿真时间为 3 ms，如图 5.3.3 所示。

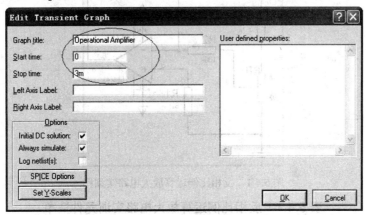

图 5.3.3　仿真图表设置

在仿真图表中添加输入与输出信号，其中输入信号 Ui 放置在图表的左侧，输出信号 Vout 放在图表的右侧。点击仿真，观察到共射放大电路实训仿真图表如图 5.3.4 所示。

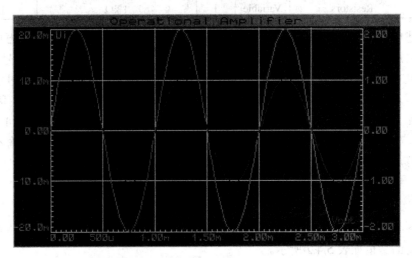

图 5.3.4　集成运算放大电路前后波形图

从仿真图表中可测出输出信号的峰峰值约为 2.07 V，而输入信号峰峰值为 40 mV，则该电路的放大倍数约为

$$A_u = \frac{u_o}{u_i} = \frac{2.07}{0.04} = 51.75 \approx 52$$

与理论放大倍数非常接近，且输入波形与输出波形之间的相位关系为同相关系。

## 5.4　反相比例运算放大电路实训

反相比例运算放大电路实训图如图 5.4.1 所示，所用元件清单如表 5.4.1 所示。

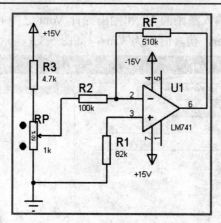

图 5.4.1　反相比例运算放大电路实训图

表 5.4.1　反相比例运算放大电路实训元件清单

| 元件名 | 类 | 子类 | 数量 | 参数 | 备注 |
|---|---|---|---|---|---|
| LM741 | Operational Amplifiers | Single | 1 | | 集成运算放大器 |
| RES | Resistors | Generic | 4 | 100 kΩ,510 kΩ,82 kΩ,4.7 kΩ | 电阻 |
| POT-HG | Resistors | Variable | 1 | 1 kΩ | 电位器 |

在上述电路图中,集成运算放大器 LM741 采用双电源供电,供电电压为±15 V,信号输入可以采用交流信号,也可以采用直流信号,本实训采用直流信号。直流信号由+15V 电源经电阻 R3 和电位器 RP 分压而得。R3 和 RP 的选择原则是:若它们的阻值过小,则电源消耗过大;若它们的阻值过大,则输入信号又容易受到干扰,调节也不方便。因此一般使流过 R3 和 RP 的电流为几毫安为宜。本实训图中采用 R3 = 4.7 kΩ,RP = 1 kΩ,此时 R2 ≫ RP,输入端不会影响分压器电压值。输入信号从运算放大器的反相端输入,构成反相比例运算放大电路,理论放大倍数为:

$$A_u = -\frac{R_F}{R_2} = -5.1 (负号表示输入、输出之间相位为反相)$$

在图 5.4.1 中加入直流电压表,如图 5.4.2 所示,测量输入信号和输出信号的电压值大小,所测得的数值如表 5.4.2 所示。

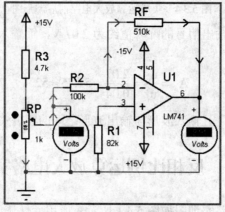

图 5.4.2　输入、输出电压测量图

表 5.4.2　输入、输出电压测量表

| 组数 | 1 | 2 | 3 | 4 | 5 |
|---|---|---|---|---|---|
| 输入电压/V | 0.26 | 0.71 | 1.75 | 2.09 | 2.61 |
| 输出电压/V | −1.31 | −3.59 | −8.91 | −10.6 | −13.3 |
| 放大倍数 | −5.07 | −5.07 | −5.09 | −5.07 | −5.09 |

从测量的数据来看，无论电位器 RP 滑到什么位置，整个电路的放大倍数都维持在 5.1 左右。

# 5.5　滞回电压比较器实训

信号变换电路是模拟电路中常用电路之一，可将正弦波变换为方波、三角波、锯齿波等。本实训就采用电压比较器将正弦波信号变换为方波信号。

电压比较器通过比较运放同相输入端和反相输入端的电压，从而决定输出端电压的极性。当同相输入端电压高于反相输入端电压，即 $u_+ > u_-$ 时，输出端电压为正，反之则为负。作为电压比较器的运算放大器，工作在开环或正反馈的非线性状态。

电压比较器有过零电压比较器、非零电压比较器和有两个阈值电压的滞回电压比较器等类型。只有一个阈值电压的比较器检测信号的灵敏度高，但抗干扰性能差，具有滞回特性的电压比较器检测信号的灵敏度低，但抗干扰性能好。非零电压比较器多用在信号比较检测电路中，而具有滞回特性的电压比较器在波形变换、信号检测等电路中均有使用。

滞回电压比较器电路实训图如图 5.5.1 所示，所用元件清单如表 5.5.1 所示。

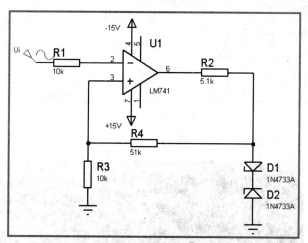

图 5.5.1　滞回电压比较器电路实训图

表 5.5.1　滞回电压比较器电路实训元件清单

| 元件名 | 类 | 子类 | 数量 | 参数 | 备注 |
|---|---|---|---|---|---|
| LM741 | Operational Amplifiers | Single | 1 | | 集成运算放大器 |
| RES | Resistors | Generic | 4 | 10 kΩ,51 kΩ,5.1 kΩ | 电阻 |
| 1N4733A | Diodes | Zener | 2 | 5.1 V，49 mA | 稳压二极管 |

给实训电路添加正弦波激励源，设置其名称为 Ui，幅值为 1 V，频率为 1 kHz，初相位为 0，并在电路中添加电压探针，探针名称为 Vout，设置好的电路如图 5.5.2 所示。

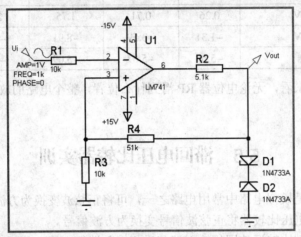

图 5.5.2　设置输入参数并添加探针

利用图表仿真来观察输入激励源 Ui 和输出探针 Vout 之间的图形关系，设置仿真图表名称为 Voltage Comparator，仿真时间为 3 ms，如图 5.5.3 所示。

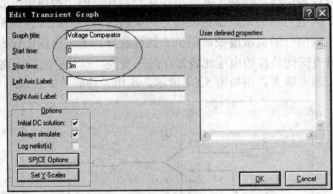

图 5.5.3　仿真图表设置

点击仿真，观察到电压比较器输入波形与输出波形如图 5.5.4 所示。

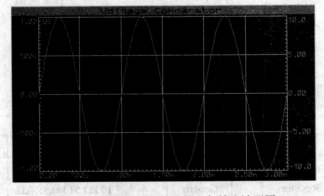

图 5.5.4　滞回电压比较器输入与输出波形图

从波形上看，输入为正弦波 Ui，输出为方波，此电路具有波形变换功能，同时该电路还具有滞回特性，其抗干扰性极强。为了观察其滞回特性，可采用虚拟仪器中的示波器，如图 5.5.5 所示。

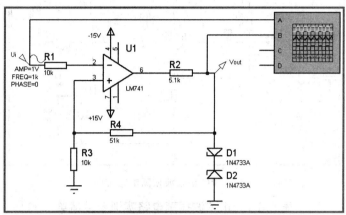

图 5.5.5　滞回电压比较器与示波器连接图

在图 5.5.5 中，用示波器的 A 通道观察输入波形，用 B 通道观察输出波形，点击仿真按钮，弹出示波器操作界面，将触发源选择为 A 通道，如图 5.5.6 所示。

调节示波器 A 通道和 B 通道的电压旋钮到合适位置，可以观察到滞回特性如图 5.5.7 所示。

图 5.5.6　触发源选择

图 5.5.7　滞回特性图

# 5.6　正弦波振荡器电路实训

正弦波振荡器有 LC 正弦波振荡器(变压器反馈式和三点式)、RC 正弦波振荡器和石英晶体振荡器等类型，它们的基本组成都包括基本放大电路、正反馈网络、选频网络、稳幅电路四部分。正弦波振荡器的典型特征是无交流信号输入，却在输出端产生了正弦波输出信号。其工作原理为：在直流电源闭合的一瞬间，频率丰富的干扰信号串入输入端，经过放大后出现在电路的输出端，但是由于幅值很小而频率又杂，并不是我们希望得到的输出信号，此信号经过选频网络和正反馈网络，把某一频率信号选出(而其它信号被抑制)，再送回放大电路的输入端，这样不断地循环放大，得到失真的输出信号，最后经稳幅环节可以输出一个频率固定、幅值稳定的正弦波信号。RC 正弦波振荡器电路实训图如图 5.6.1 所示，实训所用元件清单如表 5.6.1 所示。

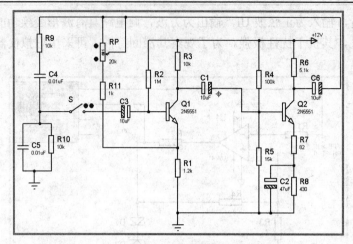

图 5.6.1　RC 正弦波振荡电路实训图

表 5.6.1　正弦波振荡电路实训元件清单

| 元件名 | 类 | 子类 | 数量 | 参　数 | 备注 |
|---|---|---|---|---|---|
| 2N5551 | Transistors | Bipolar | 2 | | 三极管 |
| RES | Resistors | Generic | 11 | 10 kΩ,1 MΩ,1.2 kΩ,100 kΩ, 15 kΩ, 5.1 kΩ, 82 Ω, 430 Ω | 电阻 |
| CAP-ELEC | Capacitors | Generic | 4 | 10 μF,47 μF | 电容 |
| POT-HG | Resistors | Variable | 1 | 20 kΩ | 电位器 |
| SWITCH | Switches and Relays | Switches | 1 | | 开关 |

在上述实训图中，Q1 和 Q2 构成两级共射极放大电路，两级共射极电路利用耦合电容 C1 来连接，R9、C4、R10、C5 组成串并联选频和正反馈网络，电位器 RP 和 R11 组成电压串联负反馈，以达到稳幅作用。首先将电位器 RP 滑到最上面，此时引入的负反馈最弱，将开关 S 闭合，利用示波器观察振荡电路的输出波形，如图 5.6.2 所示。观察到的波形如图 5.6.3 所示。

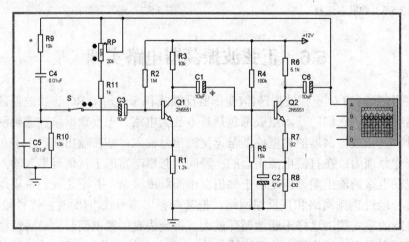

图 5.6.2　振荡电路与示波器连接图

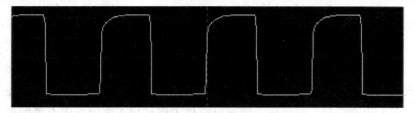

图 5.6.3　正弦波振荡电路输出失真波形

此时可以看到振荡电路输出波形严重失真，输出波形几乎不是正弦波信号。向下缓慢调节电位器 RP，加大负反馈作用，可以观察到输出波形逐渐改善，最后输出正弦波的波形，如图 5.6.4 所示。

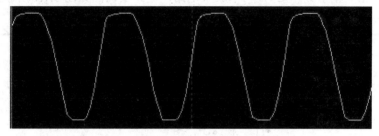

图 5.6.4　正弦波振荡电路输出的正弦波波形

从图 5.6.4 可以看出，输出的正弦波波形仍有部分失真，需要读者反复调试电路的参数才能得到不失真的波形。此正弦波振荡电路的振荡频率由 R9、C4(或 R10、C5)决定，公式为

$$f = \frac{1}{2\pi R_9 C_4} = \frac{1}{2 \times 3.14 \times 10 \times 10^3 \times 0.01 \times 10^{-6}} \approx 1592 \text{ Hz}$$

利用虚拟仪器中的定时/计数器来观察输出波形的频率(详细设置方法请参考第 3 章 3.2 节)，如图 5.6.5 所示，测得输出正弦波频率为 1506 Hz，与理论值有 5.4%的误差。

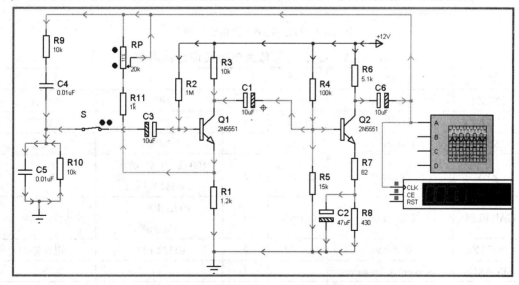

图 5.6.5　利用定时/计数器测量输出波形频率

# 5.7　低频功率放大电路实训

　　功率放大电路用来带动终端负载，如扬声器、显示器等。功率放大电路按工作状态分为甲类、乙类、甲乙类和丁类功放。如今广泛使用的功放大部分是甲乙类推挽功放。功放按照电路结构分有 OCL、OTL 和 BTL 电路。OCL 电路的优点是没有笨重的电容器，但需要双电源供电；OTL 电路的优点是只需单电源供电，但需要一个大电容器；BTL 电路的优点是在相同供电电压的情况下，输出功率可以是 OCL 电路功率的四倍，但所用的晶体管比 OCL 电路多一倍。本节介绍 OTL 功率放大电路，电路实训图如图 5.7.1 所示，实训所用元件清单如表 5.7.1 所示。

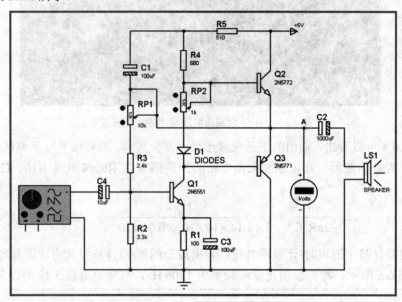

图 5.7.1　OTL 功率放大电路实训图

表 5.7.1　OTL 功率放大电路实训元件清单

| 元件名 | 类 | 子类 | 数量 | 参数 | 备注 |
|---|---|---|---|---|---|
| 2N5551 | Transistors | Bipolar | 1 | NPN | 三极管 |
| 2N5771 | Transistors | Bipolar | 1 | PNP | 三极管 |
| 2N5772 | Transistors | Bipolar | 1 | NPN | 三极管 |
| RES | Resistors | Generic | 5 | 100 Ω,510 Ω,680 Ω, 2.4 kΩ,3.3 kΩ | 电阻 |
| CAP-ELEC | Capacitors | Generic | 4 | 10 μF,100 μF, 1000 μF | 极性电容 |
| POT-HG | Resistors | Variable | 2 | 10 kΩ,1 kΩ | 电位器 |
| SPEAKER | Speakers & Sounders | | 1 | | 扬声器 |
| DIODES | Diodes | Generic | 1 | | 二极管 |

图 5.7.1 中，电路采用+5 V 单电源供电，输出端接 1000 μF 的大电容 C2，通过电容的充放电，起负电源的作用。电路通过 R5、C1 组成的自举电路提高 A 点的电位，RP2 和 D1 用来消除电路的交越失真。采用虚拟仪器中的信号发生器，调节信号为正弦波输入信号，频率为 1 kHz，幅值为 80 mV，波形选择正弦波，极性选择双极性，如图 5.7.2 所示。

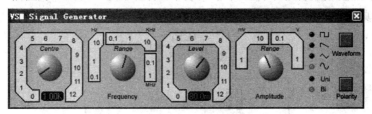

图 5.7.2　信号发生器参数设置

首先不接入信号发生器，利用虚拟仪器中的直流电压表测 A 点的电位，调节电位器 RP1，使得 A 点的电位为 2.5 V 左右。

### 1. 观察交越失真波形

在图 5.7.1 中，电位器 RP2 和 D1 是用来消除交越失真的，现利用虚拟仪器中的示波器观察输出波形产生的交越失真，电路与示波器连接如图 5.7.3 所示。调节电位器 RP1，直至示波器上输出的波形不失真为止，然后调节电位器 RP2，直到输出波形出现交越失真为止。交越失真波形如图 5.7.4 所示。

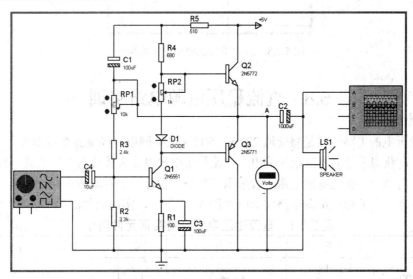

图 5.7.3　用示波器观察输出波形

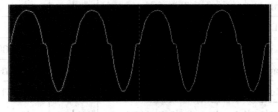

图 5.7.4　交越失真波形图

### 2. 最大不失真输出功率

调节电位器 RP2，使波形不出现交越失真，然后调节信号发生器的幅值，使输出信号不出现截顶失真为止。在输出端接一交流电压表，测出其输出电压有效值，测量结果如图 5.7.5 所示，输出电压值为 0.56 V。

最大不失真功率为

$$P_m = \frac{U_o^2}{2R_L} = \frac{0.56^2}{2 \times 8} = 0.02 \text{ W}$$

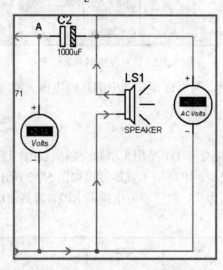

图 5.7.5　最大不失真输出电压测量图

# 5.8　直流稳压电源电路实训

直流稳压电源电路一般是将交流 220 V、50 Hz 的电网电压经电源变压器变压、整流、滤波和稳压后，获得平稳的直流电压输出。直流稳压电源设计大体分为整流滤波电路设计和稳压电路设计两部分。整流滤波电路一般采用单相桥式整流、电容滤波电路，稳压部分一般采用集成稳压器。直流稳压电源电路实训图如图 5.8.1 所示，实训元件清单如表 5.8.1 所示。

**表 5.8.1　直流稳压电源电路实训元件清单**

| 元件名 | 类 | 子类 | 数量 | 参数 | 备注 |
|---|---|---|---|---|---|
| ALTERNATOR | Simulator Primitives | Sources | 1 | | 交流电源 |
| TRAN-2P2S | Inductors | Transformers | 1 | | 变压器 |
| BRIDGE | Diodes | Bridge Rectifiers | 1 | | 桥式整流 |
| CAP-ELEC | Capacitors | Generic | 1 | 1000 μF | 极性电容 |
| CAP | Capacitors | Generic | 2 | 0.33 μF,0.1 μF | 电容 |
| RES | Resistors | Generic | 1 | 51 Ω | 电阻 |
| 7805 | Analog ICs | Regulators | 1 | | 集成稳压器 |

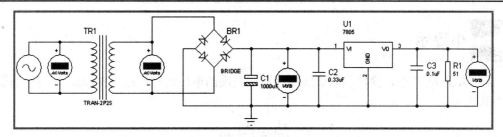

图 5.8.1  直流稳压电源电路实训图

### 1．变压

双击交流信号源(ALTERNATOR)，弹出对话框，模拟幅值为 311 V，频率为 50 Hz，如图 5.8.2 所示。由于对话框中设置的是幅值，而 220 V 为市电的有效值，故需设置成 311 V。

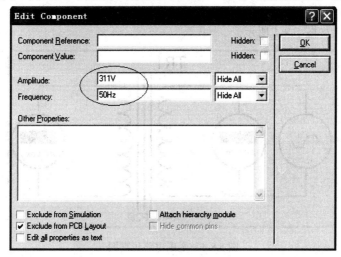

图 5.8.2  交流电源设置

双击变压器(TRAN-2P2S)，弹出变压器属性对话框，保持变压器副边电感值 1H 不变，修改原边电感值为 400H，如图 5.8.3 所示。

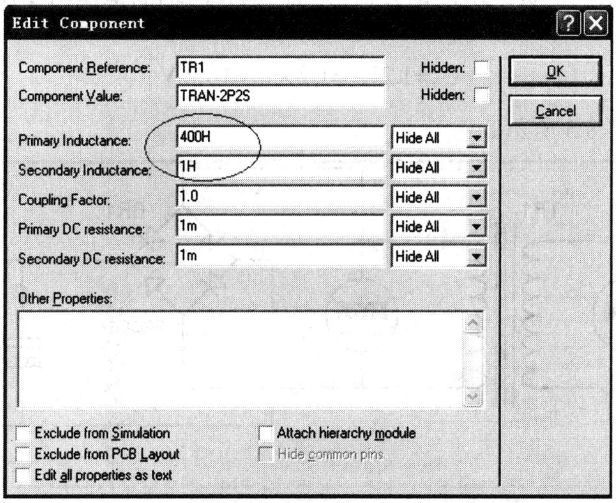

图 5.8.3  变压器属性设置

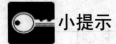

小提示

在 PROTEUS 中，变压器原边线圈和副边线圈的电压比与原边线圈和副边线圈电感值的关系式为

$$\frac{U_1}{U_2}=\sqrt{\frac{L_1}{L_2}}=n$$

由于原边电压有效值 $U_1 = 220$ V，变比 $n=\sqrt{\frac{L_1}{L_2}}=\sqrt{\frac{400}{1}}=20$，因此可算出副边线圈的电压有效值 $U_2 = 11$ V。

变压仿真结果如图 5.8.4 所示。

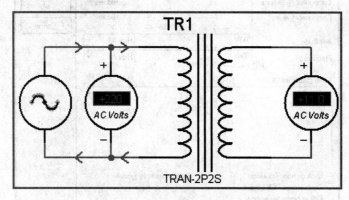

图 5.8.4　变压电路仿真图

### 2．整流滤波电路

本实训采用单相桥式全波整流电路和电容滤波电路，电容器大小采用 1000 μF，同时要注意电容器极性为上正下负。由理论分析可知，电容两端的电压与变压器副边线圈的电压关系式为

$$U_3=1.2U_2=1.2\times11=13.2 \text{ V}$$

仿真结果如图 5.8.5 所示。

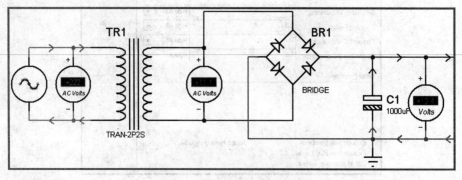

图 5.8.5　桥式整流滤波仿真图

### 3．稳压电路

稳压电路采用三端集成稳压器 7805，在实际应用中应注意加上散热片。三端集成稳压器使用起来非常方便，公共端 2 脚接地，1 端为输入端，2 端为输出端，其通常接法如图 5.8.6 所示。

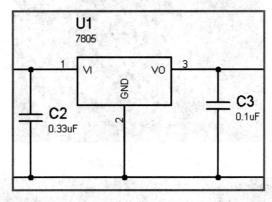

图 5.8.6　三端集成稳压器基本应用电路

图 5.8.6 中，C2 用来抑制过电压，抵消因输入线过长产生的电感效应并消除自激振荡，C3 用以改善负载的瞬态响应，即瞬时增减负载电流时不致引起输出电压有较大的波动。C2、C3 一般选涤纶电容，容量一般为 0.1 μF 至几微法。加上负载电阻后其仿真结果如图 5.8.7 所示。负载 R1 两端的电压为 5 V 直流电压。

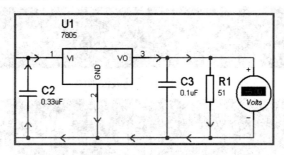

图 5.8.7　集成稳压电路仿真图

可利用虚拟仪器中的示波器来观察各个步骤的波形图。示波器与直流稳压电路的连接如图 5.8.8 所示，四个过程的波形图分别如图 5.8.9～图 5.8.12 所示。

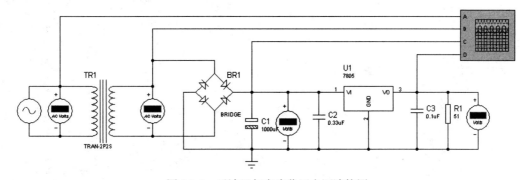

图 5.8.8　示波器与直流稳压电源连接图

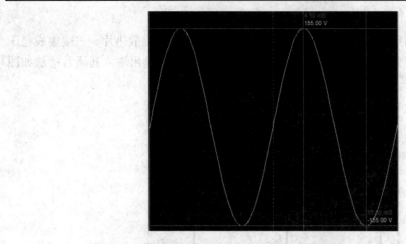

图 5.8.9　交流电源波形图

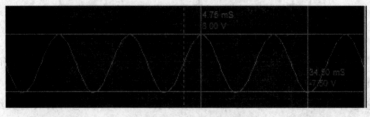

图 5.8.10　变压波形图

图 5.8.11　整流滤波波形图

图 5.8.12　稳压波形图

# 第6章　基于PROTEUS ISIS的数字电路仿真

第 5 章以非线性元件二极管和三极管为主要研究对象，以基本放大电路为主线，详细介绍了模拟电路中各个实训的 PROTEUS 仿真。本章中的数字电路不同于模拟电路，研究的重点不是输入、输出之间的大小关系，而是输入、输出之间的逻辑关系。数字电路主要包括数码与进制、组合逻辑电路、时序逻辑电路、脉冲产生和整形电路、可编程逻辑器件等。本章将以具体实例进一步介绍 PROTEUS ISIS 数字电路仿真技术。

## 6.1　逻辑门电路的功能测试实训

逻辑门电路实际上是一种条件开关电路，只有在输入信号满足一定的逻辑条件时，开关电路才允许信号通过，否则就不允许信号通过，即逻辑门电路的输出信号与输入信号之间存在一定的逻辑关系。

最基本的门电路有与门、或门、非门三种。常用的与非门、或非门、与或非门、异或门等都是由基本的逻辑门复合而成的。以前使用的门电路都是由分立元件组成的，现在大量使用的是集成门电路。若按电路中晶体管导电类型来看，集成门电路可分为双极型和单极型两大类。双极型最多的是晶体管-晶体管逻辑门电路，即 TTL 门电路；单极型的有金属-氧化物-半导体互补对称电路，即 MOS 门电路。

逻辑门电路的功能测试实训如图 6.1.1～6.1.6 所示，所用元件清单如表 6.1.1 所示。

表 6.1.1　逻辑门电路的功能测试实训所用元件清单

| 元件名 | 类 | 子类 | 数量 | 参数 | 备注 |
|---|---|---|---|---|---|
| RES | Resistors | Generic | 6 | 510 Ω | 电阻 |
| LED-YELLOW | Optoelectronics | LEDs | 1 | | 发光二极管 |
| LOGICSTATE | Debugging Tools | Logic Stimuli | 6 | | 逻辑状态 |
| 74LS08 | TTL 74LS series | Gates & Inverters | 1 | | 与门 |
| 74LS04 | TTL 74LS series | Gates & Inverters | 1 | | 非门 |
| 74LS32 | TTL 74LS series | Gates & Inverters | 1 | | 或门 |
| 74LS00 | TTL 74LS series | Gates & Inverters | 1 | | 与非门 |
| 74LS27 | TTL 74LS series | Gates & Inverters | 1 | | 或非门 |
| 74LS86 | TTL 74LS series | Gates & Inverters | 1 | | 异或门 |

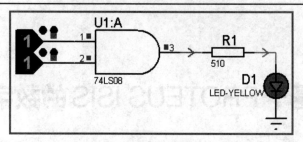

图 6.1.1    与门逻辑功能测试实训图

调节输入状态的不同组合，发现只有当与门输入为 11 时，输出为高电平，LED 灯亮，否则 LED 灯灭，符合与门的输入、输出关系。同理，按照各种门电路的真值表关系，可对图 6.1.2～图 6.1.6 分别进行仿真，观察输入与输出间的逻辑关系。

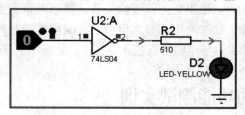

图 6.1.2    非门逻辑功能测试实训图

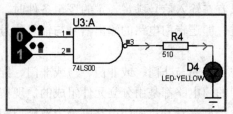

图 6.1.3    或门逻辑功能测试实训图

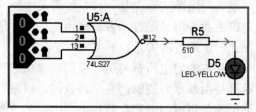

图 6.1.4    与非门逻辑功能测试实训图          图 6.1.5    或非门逻辑功能测试实训图

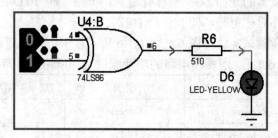

图 6.1.6    异或门逻辑功能测试实训图

从仿真结果来看，各个逻辑门电路都符合各自的真值表。

# 6.2    简单抢答器实训

本实训利用基本门电路构成简易型四路抢答器，其中 A、B、C、D 四个开关模拟抢答按钮。其工作原理为：若任何一人先将某一开关按下并保持闭合状态，则与其对应的发光二极管被点亮，表示此人抢答成功，而之后的其它开关再被按下，与其对应的发光二极管则不亮。简单抢答器实训图如图 6.2.1 所示，实训元件清单如表 6.2.1 所示。

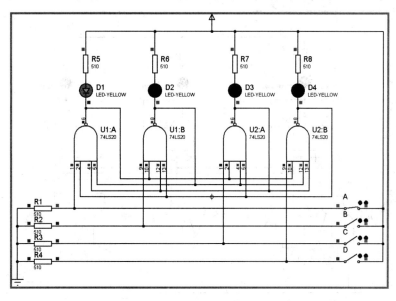

图 6.2.1　简单抢答器实训图

**表 6.2.1　简单抢答器实训元件清单**

| 元件名 | 类 | 子类 | 数量 | 参数 | 备注 |
|---|---|---|---|---|---|
| RES | Resistors | Generic | 8 | 510 Ω | 电阻 |
| LED | Optoelectronics | LEDs | 4 | | 发光二极管 |
| SWITCH | Switches and Relays | Switches | 4 | | 开关 |
| 74LS20 | TTL 74LS series | Gates & Inverters | 4 | | 与非门 |

　　从仿真结果来看，若开关 A、B、C、D 四个开关都不闭合，则四个 LED 灯均不亮，表示无人抢答；若开关 A 闭合，则与其对应的发光二极管 D1 被点亮，此时再闭合其它开关，其余的二极管均不亮，实现了抢答的目的。

# 6.3　由触发器构成的改进型抢答器实训

　　与简易型抢答器相比，改进型抢答器为三路抢答，并且在每一个输入端增加了两个与非门，构成了基本 RS 触发器。该触发器具有抢答信号的接收、保持和输出功能。其中，S 为手动清零控制开关，S1～S3 为抢答按钮开关。改进型抢答器实训图如图 6.3.1 所示，实训元件清单如表 6.3.1 所示。

**表 6.3.1　改进型抢答器实训元件清单**

| 元件名 | 类 | 子类 | 数量 | 参数 | 备注 |
|---|---|---|---|---|---|
| RES | Resistors | Generic | 7 | 510 Ω | 电阻 |
| LED | Optoelectronics | LEDs | 3 | | 发光二极管 |
| BUTTON | Switches and Relays | Switches | 4 | | 开关 |
| 74LS20 | TTL 74LS series | Gates & Inverters | 3 | | 与非门(四输入) |
| 74LS00 | TTL 74LS series | Gates & Inverters | 6 | | 与非门(两输入) |

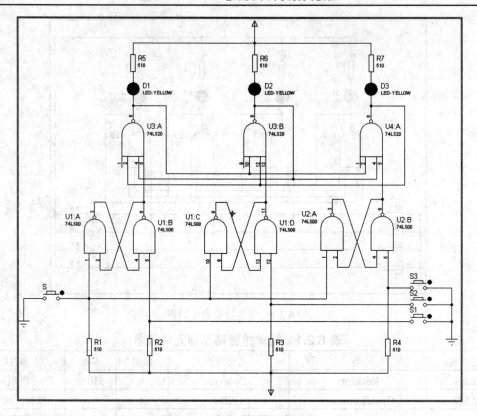

图 6.3.1　改进型抢答器实训图

从仿真结果来看，该电路具有如下功能：

(1) 作为总清零及允许抢答的控制开关(可由主持人控制)，当开关 S 被按下时抢答电路清零，断开后则允许抢答。输入抢答信号由抢答按钮开关 S1～S3 实现。

(2) 若有抢答信号输入(开关 S1～S3 中的任何一个开关按下)，则与之对应的发光二极管点亮，此时再按其它任何一个抢答开关均无效，指示灯仍保持第一个开关按下时所对应的状态不变。

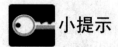 小提示

对改进型抢答器进行 PROTEUS 仿真时，一定要注意首先需将开关 S 闭合，再进行仿真，否则报错，不能进行仿真。

## 6.4　555 定时器应用实训

时基集成电路(集成定时器)是一种应用十分广泛的模拟-数字混合式集成电路，它最初是为取代延迟继电器等机械延迟器而研制的，具有定时精度高、温度漂移小、速度快、可直接与数字电路相连接、结构简单、功能全、驱动电流大、有一定的负载能力等优点。人们在应用中发现，时基定时器可组成性能稳定的无稳态振荡器、单稳态触发器、双稳态触

发器及各种开关电路。

现在使用的 555 时基电路的国外产品型号主要有 NE555、LM555、XR555、MC14555、CA555、MA555、SN52555、LC555 等，国内产品型号主要有 5G1555、SL555、FX555 等，它们的内部功能结构和引脚序号都相同，可以直接代替，为叙述方便将其统称为 555。

### 1. 声光电子警卫电路实训

声光电子警卫电路实训图如图 6.4.1 所示，该实训所用元件清单如表 6.4.1 所示。

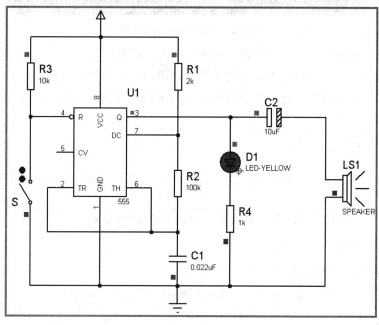

图 6.4.1　声光电子警卫电路实训图

**表 6.4.1　声光电子警卫电路实训元件清单**

| 元件名 | 类 | 子类 | 数量 | 参数 | 备注 |
|---|---|---|---|---|---|
| 555 | Analog ICs | Timers | 1 | | 555 定时器 |
| RES | Resistors | Generic | 4 | 2 kΩ,100 kΩ,<br>10 kΩ,1 kΩ | 电阻 |
| LED | Optoelectronics | LEDs | 1 | | 发光二极管 |
| SWITCH | Switches and Relays | Switches | 1 | | 开关 |
| CAP | Capacitors | Generic | 1 | 0.022 μF | 电容 |
| CAP-ELEC | Capacitors | Generic | 1 | 10 μF | 电解电容 |
| SPEAKER | Speakers & Sounders | | 1 | | 扬声器 |

从仿真结果来看，当开关 S 闭合时，由于 555 定时器的 4 脚(复位脚)接地，则 555 的 3 脚(输出脚)一直为零，即 LED 灯不亮，扬声器 SPEAKER 不响。当开关 S 断开时，555 的复位脚接高电平，电路构成多谐振荡器，3 脚输出波形为矩形波，则 LED 灯闪烁显示，扬声器 SPEAKER 发出报警声音，从而实现声光报警电路功能。555 的 3 脚输出波形如图 6.4.2 所示。利用测量工具可测得其周期为 3.10 ms，频率约为 322.6 Hz。

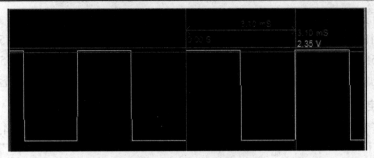

图 6.4.2　555 输出端波形图

声光电子警卫电路应用广泛，在实际进行防盗保护时，可以将开关 S 用漆包线替代，布置在门窗或需要保护的物品上，电源采用电池供电。一旦漆包线被拉断，本电路就发出声光报警。还可以将其做成超小型报警器，应用在诸如出差行李监护、钱包防盗等方面。

 小提示

用 555 定时器构成多谐振荡器，其 3 脚输出矩形波波形频率的理论公式为

$$f = \frac{1}{0.7(R_1+2R_2)C_1} = \frac{1}{0.7 \times (2+200) \times 10^3 \times 0.022 \times 10^{-6}} \approx 321.5 \text{ Hz}$$

与实测频率 322.6 Hz 非常接近。

### 2. 555 触摸定时开关电路

555 触摸定时开关电路实训图如图 6.4.3 所示，所用元件清单如表 6.4.2 所示。

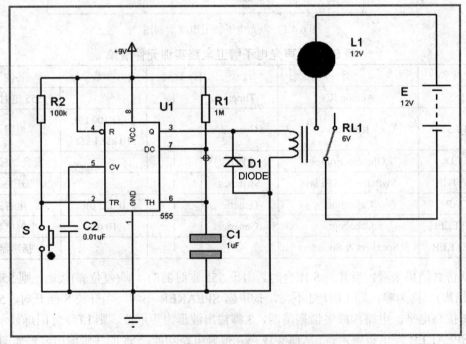

图 6.4.3　555 触摸定时开关电路实训图

表 6.4.2　555 触摸定时开关电路实训元件清单

| 元件名 | 类 | 子类 | 数量 | 参数 | 备注 |
|---|---|---|---|---|---|
| 555 | Analog ICs | Timers | 1 | | 555 定时器 |
| BATTERY | Simulator Primitives | Sources | 1 | 12 V | 电源 |
| RES | Resistors | Generic | 2 | 100 kΩ, 1 MΩ | 电阻 |
| LAMP | Optoelectronics | Lamps | 1 | | 灯 |
| BUTTON | Switches and Relays | Switches | 1 | | 开关 |
| CAP | Capacitors | Generic | 1 | 0.01 μF | 电容 |
| CAPACITOR | Capacitors | Animated | 1 | 1 μF | 电容 |
| RELAY | Switches and Relays | Relays(Generic) | 1 | | 继电器 |
| DIODE | Diodes | Generic | 1 | | 二极管 |

在上述电路中，使用 555 定时器构成单稳态触发器，由电阻 R2 和开关 S 组成一个负脉冲发生器。操作过程中开关的通断动作要快，这个时间要远远小于 555 的 3 脚输出脉冲的宽度才能观察到有效的结果。在电路电源接通瞬间，555 定时器 3 脚输出为高电平，此时继电器常开常闭触点动作，常开变常闭，灯点亮，这个过程是一个暂态过程。之后 3 脚逐渐恢复到低电平，此时继电器恢复为原来的状态，则灯 L1 熄灭。在开关 S 闭合后迅速断开，则在 2 脚产生一个负脉冲，555 定时器被触发，此时 555 构成单稳态触发电路，继电器常开触点动作，常开变常闭，灯 L1 点亮，其点亮的时间由输出矩形波的脉宽决定。单稳态触发电路 3 脚输出矩形波脉宽 $T_W \approx 1.1R_1C_1$。电路与示波器的连接如图 6.4.4 所示，555 定时器 2 脚和 3 脚的显示波形如图 6.4.5 所示。

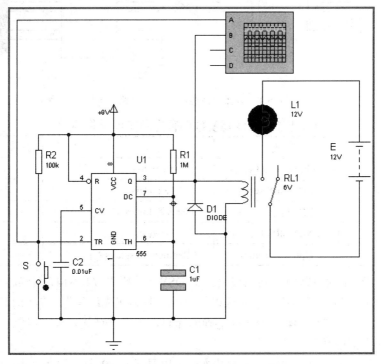

图 6.4.4　555 触摸定时开关与示波器连接图

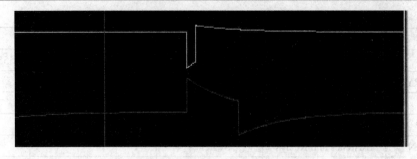

图 6.4.5　555 触摸定时开关显示波形图

在图 6.4.5 所示波形中，上方波形为触发脉冲(黄色)，下方波形为单稳态电路的输出。利用测量工具，可测得输出波形的脉宽约为 1.11 s，与其理论值非常接近。

# 6.5　编译码及数码管显示实训

编码器、译码器和数码管显示器是数字系统中常用的器件。本实训主要介绍编译码及数码管显示电路仿真，并观察各个 IC 输入、输出之间的逻辑关系。电路实训图如图 6.5.1 所示，元件清单如表 6.5.1 所示。

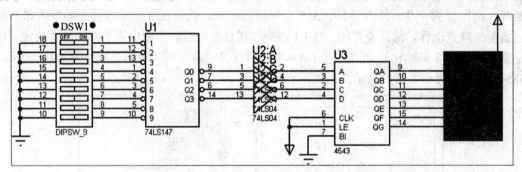

图 6.5.1　编译码及数码管显示电路实训图

**表 6.5.1　编译码及数码管显示实训元件清单**

| 元件名 | 类 | 子类 | 数量 | 参数 | 备注 |
|---|---|---|---|---|---|
| DIPSW_9 | Switches and Relays | Switches | 1 | | 拨码开关 |
| 74LS147 | TTL 74LS series | Encoders | 1 | | 编码器 |
| 74LS04 | TTL 74LS series | Gates & Inverters | 1 | | 非门 |
| 4543 | CMOS 4000 series | Decoders | 1 | | 译码器 |
| 7SEG-COM-ANODE | Optoelectronics | 7-Segment Displays | 1 | | 数码管 |

在图 6.5.1 所示的电路中，利用拨码开关 DSW1 来调节 74LS147 编码芯片哪个输入引脚有效。74LS147 为编码芯片，输入低电平有效，且为优先编码器，74LS147 输出为反码输出，故需经过非门 74LS04 才能实现正确的译码，再经过译码器 4543 译码，最后利用共阳数码管显示所需的数字。

从仿真结果来看，改变拨码开关的状态，可以显示 0~9 十个数字，并且可以非常方便地观察到各个 IC 输入、输出之间的逻辑状态关系。

 **小提示**

译码器的种类众多，常用的有 74LS47、74LS48、74LS248、4543 等。其中，74LS47 驱动共阳数码管，74LS48 及 74LS248 驱动共阴数码管，而 4543 既可驱动共阳数码管也可驱动共阴数码管(由其第 6 脚的电平高低决定)。

练习：利用 4543 译码器设计的编译码电路和利用 74LS47 设计的编译码电路有何区别？显示的数字完全一样吗？请读者自行实现。

# 6.6 分频器的制作实训

CD4060 是 CMOS14 级二进制计数/分频/振荡电路，主要由两部分组成：一部分是振荡器，由二级非门构成，外接定时元件后，可组成多谐振荡器；另一部分是 14 级二分频器，最高分频系数为 16 384($2^{14}$)，最低分频系数为 16($2^4$)，从第 4 级开始到 14 级，除了 $Q_{11}$ 之外，每级都有输出端子，可以选择从各个不同的输出端输出，则各个输出端的频率也不相同。74LS161 为四位二进制同步计数器，最大计数长度为 16。

本实训主要由 CD4060 及相应的时基电路产生分频脉冲，然后利用各个频率不同的分频脉冲作为计数器输入脉冲进行计数，计数的结果用发光二极管 LED 显示。分频器制作实训图如图 6.6.1 所示，所用元件清单如表 6.6.1 所示。

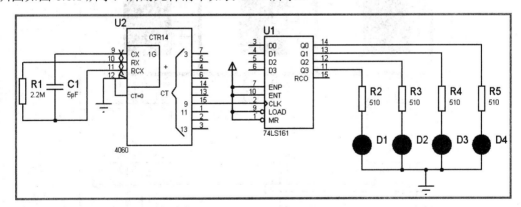

图 6.6.1 分频器的制作实训图

**表 6.6.1 分频器的制作实训元件清单**

| 元件名 | 类 | 子类 | 数量 | 参数 | 备注 |
|---|---|---|---|---|---|
| 4060 | CMOS 4000 series | Counters | 1 | | 计数/分频/振荡器 |
| 74LS161 | TTL 74LS series | Counters | 1 | | 计数器 |
| RES | Resistors | Generic | 5 | 510 Ω,2.2 MΩ | 电阻 |
| CAP | Capacitors | Generic | 1 | 5 pF | 电容 |
| LED | Optoelectronics | LEDs | 4 | | 发光二极管 |

在图 6.6.1 所示电路中，4060 作为多频率脉冲信号使用，外接电阻 R1、电容 C1 构成振荡器，14 级二分频器输出脉冲，选择输出中的一个作为 74LS161 计数芯片的脉冲输入，74LS161 工作于计数状态，利用四个 LED 发光二极管显示计数值。从仿真结果来看，可以显示从 0000～1111 共 16 种状态，更换其余脉冲，可发现四个 LED 显示计数值的速度各不相同。

# 6.7　异步计数器的级联实训

使用 74LS90 可构成二-五-十进制计数器，其中 R0(1) 和 R0(2) 为复位脚，高电平有效，只有当 R0(1) = 1 且 R0(2) = 1 时，Q3Q2Q1Q0 = 0000，R9(1) 和 R9(2) 为置 "9" 脚，高电平有效，只有当 R9(1) = 1 且 R9(2) = 1 时，Q3Q2Q1Q0 = 1001，且置 "9" 的优先级别高于置 "0" 的。本实训中四个引脚全部接地，都无效。使用 74LS90 可构成多种不同进制的计数器，其接法也各不相同。

(1) 二进制：外接计数脉冲从 CKA 输入，从 Q0 输出。

(2) 五进制：外接计数脉冲从 CKB 输入，从 Q3Q2Q1 输出。

(3) 8421 码十进制：外接计数脉冲从 CKA 输入，且 Q0=CKB，从 Q3Q2Q1Q0 输出。

(4) 5421 码十进制：外接计数脉冲从 CKB 输入，且 Q3=CKA，从 Q3Q2Q1Q0 输出。

本实训的目的主要是使用 PROTEUS 掌握各个计数器进位信号的连接及显示电路。74LS90 的接法采用 8421 码十进制，电路实训图如图 6.7.1 所示，元件清单如表 6.7.1 所示。

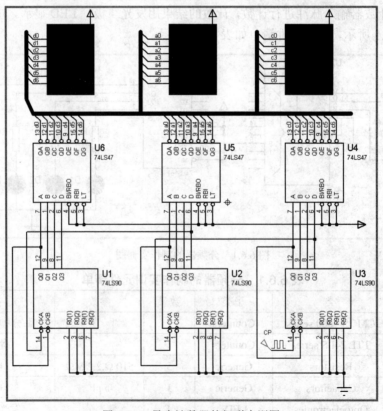

图 6.7.1　异步计数器的级联实训图

表 6.7.1　异步计数器级联实训元件清单

| 元件名 | 类 | 子类 | 数量 | 参数 | 备注 |
|---|---|---|---|---|---|
| 74LS90 | TTL 74LS series | Counters | 3 | | 计数器 |
| 74LS47 | TTL 74LS series | Decoders | 3 | | 译码器 |
| 7SEG-COM-ANODE | Optoelectronics | 7-Segment Displays | 3 | | 数码管 |

在图 6.7.1 所示电路中，外接计数脉冲 CP 的频率设置为 1 Hz。由于每一块 74LS90 都设置为 8421 码十进制计数，第 1 片 74LS90(U3) 的输出 Q3Q2Q1Q0 经过 74LS47 译码作用控制第 1 个数码管，每增加一个计数脉冲，数码管显示加 1，当显示完 9 后，随着第 10 个计数脉冲的输入，第 1 位数码管清零。由于第 2 片 74LS90 的 CKA 接到第 1 片 74LS90 的 Q3，因此当第 10 个计数脉冲输入后，Q3 从 1 跳为 0，正好构成一个脉冲下降沿作为第 2 片 74LS90 的计数脉冲，使得第 2 片的数码管加 1。第 3 位数码管的工作原理也可类推，最后三位数码管显示的最大数值为 "999"，若再来一个脉冲，则数码管又全部清零。

 小提示

在图 6.7.1 中，数码管和译码器的连接采用总线方式。当电路较为复杂且线路较多时，可以采用总线连接方式。各条线都连接到总线上，通过相同的网络标号表明具体哪些线是相连接的。

练习：如果三位数码管显示的最大数值为 "555"，该如何接线？请读者自行实现此功能。

# 6.8　电子秒表实训

电子秒表在各种竞技体育运动中使用非常频繁，本实训就是利用 PROTEUS 设计一个秒表，可精确到 0.1 s。电路实训图如图 6.8.1 所示，元件清单如表 6.8.1 所示。

表 6.8.1　电子秒表实训元件清单

| 元件名 | 类 | 子类 | 数量 | 参数 | 备注 |
|---|---|---|---|---|---|
| 74LS90 | TTL 74LS series | Counters | 3 | | 计数器 |
| 74LS47 | TTL 74LS series | Decoders | 2 | | 译码器 |
| 7SEG-COM-ANODE | Optoelectronics | 7-Segment Displays | 2 | | 数码管 |
| 555 | Analog ICs | Timers | 1 | | 定时器 |
| RES | Resistors | Generic | 1 | 100 kΩ | 电阻 |
| POT-HG | Resistors | Variable | 1 | 200 kΩ | 电位器 |
| CAP | Capacitors | Generic | 3 | 0.01 μF<br>0.1 μF<br>0.022 μF | 电容 |
| SWITCH | Switches and Relays | Switches | 2 | | 开关 |

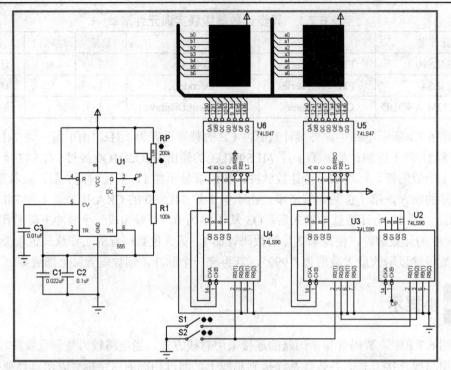

图 6.8.1　电子秒表实训图

在上述电路中，左端 555 构成多谐振荡器，调节电位器 RP，可改变 555 的 3 脚输出波形的频率，使得 3 脚输出频率为 50 Hz(周期为 20 ms)。利用示波器观察 3 脚输出波形，并用示波器的测量工具测出输出波形的周期，如图 6.8.2 所示。

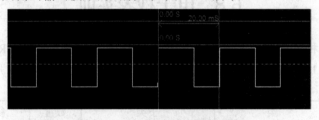

图 6.8.2　555 输出波形周期测量

图 6.8.2 所示波形作为第 1 片 74LS90(U2)的计数脉冲，若第 1 片 74LS90 接成五进制计数器，则可实现五分频，得到脉冲的频率为 10 Hz(周期为 100 ms)。脉冲从第 1 片 74LS90 的 Q3 输出，作为第 2 片 74LS90(U3)的计数脉冲。第 2 片 74LS90 的计数脉冲周期测量如图 6.8.3 所示。

图 6.8.3　第 2 片 74LS90 的计数脉冲周期测量

第 2 片 74LS90 接成 8421 码十进制计数器, 计数频率为 10 Hz, 即每隔 0.1 s 计数一次, 通过 74LS47 译码显示在数码管(显示个位)上。第 3 片 74LS90 的接法和第 2 片一样, 构成 8421 码十进制, 计数频率为 1 Hz, 即每隔 1 s 计数一次, 通过 74LS47 译码显示在数码管(显示十位)上。第 3 片 74LS90 的计数脉冲周期测量如图 6.8.4 所示。

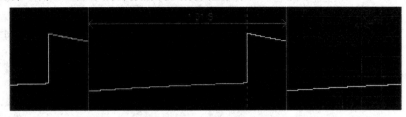

图 6.8.4　第 3 片 74LS90 的计数脉冲周期测量

开关 S1 起暂停作用, 开关 S2 起清零作用。作为电子秒表使用时, 开关 S1 和 S2 必须都闭合。

练习: 如果电子秒表要精确到 0.01 s, 该电路该如何改进? 请读者自行实现此功能。

# 6.9　计数及译码显示电路实训

计数器的基本功能就是统计脉冲输入的个数。计数器是数字系统中使用最广泛的时序逻辑器件之一。本实训利用计数芯片 74LS161 统计脉冲个数, 最后在数码管上显示。实训电路如图 6.9.1 所示, 所用元件清单如表 6.9.1 所示。

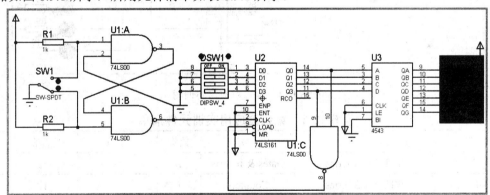

图 6.9.1　计数及译码显示电路实训图

**表 6.9.1　计数及译码显示实训元件清单**

| 元件名 | 类 | 子类 | 数量 | 参数 | 备注 |
|---|---|---|---|---|---|
| 74LS00 | TTL 74LS series | Gates & Inverts | 3 | | 与非门 |
| 74LS161 | TTL 74LS series | Counters | 1 | | 计数器 |
| 7SEG-COM-ANODE | Optoelectronics | 7-Segment Displays | 1 | | 数码管 |
| RES | Resistors | Generic | 2 | 1 kΩ | 电阻 |
| DIPSW_4 | Switches and Relays | Switches | 1 | | 拨码开关 |
| SW-SPDT | Switches and Relays | Switches | 1 | | 单刀双掷开关 |

在上述电路中，两个与非门电路组成了脉冲发生器，上下拨动开关 SW1，在与非门的第 6 脚将产生脉冲信号，脉冲的频率由人为控制，此电路称为手动产生脉冲电路。脉冲提供给 74LS161 计数器，初始值设置为 0000，理论计数最大值可达到 15，但输出端接入与非门控制。根据分析，其计数最大值只能达到 9。从仿真结果来看，数码管可以正常显示数字 0～9。

　　练习：如果要求数码管显示的数字是 2～7，电路该如何改进？请读者自行实现此功能。

# 6.10　编程器应用实训

　　编程器的应用实训主要是利用编程器对 EPROM 进行数据的存入，了解存储器 EPROM 的基本工作原理及使用方法。其实训图如图 6.10.1 所示，所用元件清单如表 6.10.1 所示。

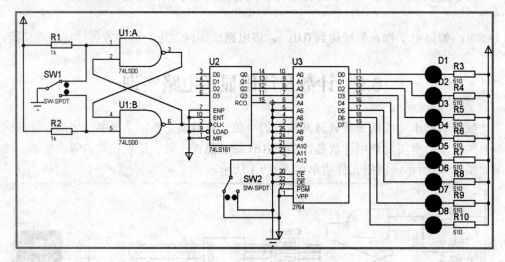

图 6.10.1　编程器应用实训图

表 6.10.1　编程器应用实训元件清单

| 元件名 | 类 | 子类 | 数量 | 参数 | 备注 |
|---|---|---|---|---|---|
| 74LS00 | TTL 74LS series | Gates & Inverts | 2 | | 与非门 |
| 74LS161 | TTL 74LS series | Counters | 1 | | 计数器 |
| RES | Resistors | Generic | 10 | 1 kΩ, 510 Ω | 电阻 |
| 2764 | Memory ICs | EPROM | 1 | | 存储器 |
| LED | Optoelectronics | LEDs | 8 | | 发光二极管 |
| SW-SPDT | Switches & Relays | Switches | 2 | | 单刀双掷开关 |

　　在上述电路中，部分电路与图 6.9.1 的功能相似，构成手动脉冲发生器，为 74LS161 提供脉冲信号。由于 PROTEUS 中的 EEPROM2864 没有仿真模型，因此采用有仿真模型的 EPROM2764 代替 EEPROM2864。2764 为 8K×8 的存储芯片，具有 13 根(A0～A12)地址线和 8 根(D0～D7)数据线，其中低四位地址线与 74LS161 的四位输出相连，最高位 A12 通过单刀双掷开关接电源或地线，其余地址线全部接地，数据线通过八个发光二极管读出存储

器 2764 的内容。

当开关 SW2 接地时，写入的数据如下：

0000～000F 单元：FE FF FC FF F8 FF F0 FF E0 FF C0 FF 80 FF 00 FF

打开编程器 TopWin(光盘资料中有此编程器软件，读者下载安装即可)，按图 6.10.2 写入上述内容。

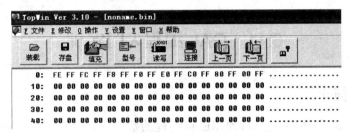

图 6.10.2　当 A12=0 时编程器写入的数据

当开关 SW2 接电源时，写入的数据如下：

1000～100F 单元：FE FF FD FF FB FF F7 FF EF FF DF FF BF FF 7F FF

打开编程器 TopWin，按图 6.10.3 写入上述内容。

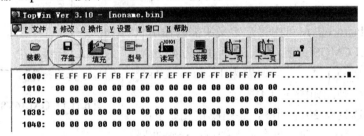

图 6.10.3　当 A12=1 时编程器写入的数据

数据写入完毕后，点击图 6.10.3 中的存盘按钮，将弹出保存文件对话框。在此对话框中，读者可输入文件名(编程器数据.hex)并选择保存路径，点击"保存"按钮，将弹出如图 6.10.4 所示的对话框，在文件格式中选择第二项，保存为十六进制文件，最后点击"确认"即可。

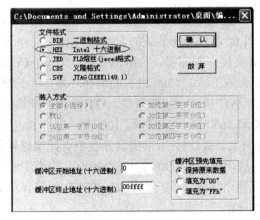

图 6.10.4　保存为十六进制文件

双击 2764，弹出属性对话框，加载上述保存的十六进制文件即可开始仿真。当 A12=0 时，来回拨动开关 SW1，发现 8 个发光二极管的点亮规律为：D1 亮，全灭；D1、D2 亮，全灭；D1、D2、D3 亮，全灭……最后是全亮，全灭。16 个脉冲后又重新按照上述规律循环。当 A12=1 时，发光二极管点亮规律为：D1 亮，全灭；D2 亮，全灭；D3 亮，全灭……最后是 D8 亮，全灭。16 个脉冲后又重新按照上述规律循环。

# 6.11　GAL 编程入门实训

## 6.11.1　GAL 简介

可编程逻辑器件(PLD)是一种通用的可编程的数字逻辑电路，使用起来非常方便，可根据逻辑设计要求来设定输入与输出之间的关系。

GAL 是由 Lattice 公司研制并推出的一种 PLD，它由可编程的与阵列去驱动一个固定的或阵列，每一个输出端都有一个可组态的输出逻辑宏单元(OLMC，Output Logic Macrocells)，可由用户定义所需的输出状态。GAL 采用 EECMOS 工艺，最大运行功耗为 45 mA，最大维持功耗为 35 mA，存取速度为 15 ns～25 ns。GAL16V8D 的引脚图如图 6.11.1 所示。

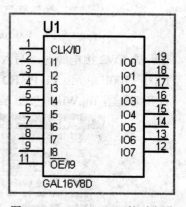

图 6.11.1　GAL16V8D 的引脚图

GAL16V8D 具有 20 个引脚，各引脚定义如下：

(1) 2～9 脚为输入端，每个输入端有一个缓冲器。

(2) 12～19 为 8 个输出逻辑宏单元(OLMC)。

(3) 1 脚为系统时钟 CLK。

(4) 11 脚为输出三态公共控制端 $\overline{OE}$，当 $\overline{OE}$ 为低电平时，允许输出。

(5) 10 脚为地脚，20 脚为电源脚。这两个引脚在引脚图中未标出。

## 6.11.2　WinCupl 编辑软件的使用

在 PROTEUS 中，PLD 器件所需装载的文件为"jed"文件(与仿真单片机所需的 hex 文件类似)，而要产生 jed 文件，则需要一种编辑软件，即 WinCupl。

WinCupl 是 ATMEL 公司出品的 Cupl 语言的编译环境，用于 PLD 器件的编程，支持多种器件，包括 GAL 系列和 ATF 系列。一般来说，ATF 系列的同等级产品要比 GAL 的便宜，比如 ATF16V8 就兼容 GAL16V8D，可以擦写 100 次，价格上也便宜得多，而性能相差无几。在 ATMEL 公司的官网上下载软件(本书配套光盘中有此编辑软件，读者下载安装即可)，可以得到一个注册码，用这个码就可以激活 WinCupl 了，这个注册码没有使用时间的限制。WinCupl 软件包实际包括两个部分：一个是 WinCupl PLD 的编译环境，另一个是 WinSim(相当于 MAX 的波形仿真部分)。

(1) 打开 WinCupl 软件，选择主菜单的 File→New→Project，新建一个工程文件，将弹出如图 6.11.2 所示的对话框。在图 6.11.2 中，可设置名称、日期、版本、设计者、公司等信息，最后一个选项 Device 系统默认值为 "virtual"，这里改为所需器件 "g16v8d"，其余设置参见图 6.11.2 所示。

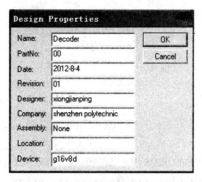

图 6.11.2　设置工程文件属性

(2) 点击图 6.11.2 中的 "OK" 后，将弹出输入引脚数目、输出引脚数目、中间节点数目等对话框，如图 6.11.3～图 6.11.5 所示。本设计输入引脚、输出引脚数目分别为 "6" 和 "8"，无中间节点数目。点击图 6.11.3～图 6.11.5 中的 "OK"，即新建了一个 PLD 文件，文件名为 "Decoder.PLD"。

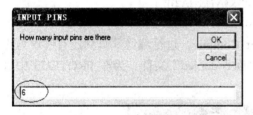 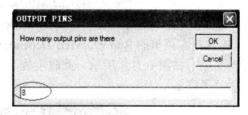

图 6.11.3　设置输入引脚数目　　　　　　　图 6.11.4　设置输出引脚数目

图 6.11.5　设置中间节点数目

(3) 在编辑区添加输入引脚说明如下：

```
/* *************** INPUT PINS ********************/
PIN  2  = A2                    ; /*                         */
PIN  3  = A1                    ; /*                         */
PIN  4  = A0                    ; /*                         */
PIN  5  = E1                    ; /*                         */
PIN  6  = E2                    ; /*                         */
PIN  7  = E3                    ; /*                         */
```

其中，A2、A1、A0 为译码器地址输入端，E3、E2、E1 为译码器控制使能端。

(4) 在编辑区添加输出引脚说明如下：

```
/* ************** OUTPUT PINS ******************/
PIN   19   = Q0                    ; /*                              */
PIN   18   = Q1                    ; /*                              */
PIN   17   = Q2                    ; /*                              */
PIN   16   = Q3                    ; /*                              */
PIN   15   = Q4                    ; /*                              */
PIN   14   = Q5                    ; /*                              */
PIN   13   = Q6                    ; /*                              */
PIN   12   = Q7                    ; /*                              */
            Q0=!((E1)&(!E2)&(!E3)&(!A0)&(!A1)&(!A2));
            Q1=!((E1)&(!E2)&(!E3)&(!A0)&(!A1)&(A2));
            Q2=!((E1)&(!E2)&(!E3)&(!A0)&(A1)&(!A2));
            Q3=!((E1)&(!E2)&(!E3)&(!A0)&(A1)&(A2));
            Q4=!((E1)&(!E2)&(!E3)&(A0)&(!A1)&(!A2));
            Q5=!((E1)&(!E2)&(!E3)&(A0)&(!A1)&(A2));
            Q6=!((E1)&(!E2)&(!E3)&(A0)&(A1)&(!A2));
            Q7=!((E1)&(!E2)&(!E3)&(A0)&(A1)&(A2));
```

(5) 选择主菜单的 Run→Device Dependent Compile，进行编译，直到没有错误为止。编译结果显示如图 6.11.6 所示，此时生成了 "Decoder.jed" 文件，为在 PROTEUS 中进行仿真做好了准备。

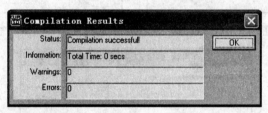

图 6.11.6　编译结果显示

## 6.11.3　GAL 编程实训

下面以 74LS138 译码器为例，利用可编程逻辑器件 G16V8A 实现 74LS138 译码器的功能。实训图如图 6.11.7 所示，实训元件清单如表 6.11.1 所示。

表 6.11.1　GAL 编程实训元件清单

| 元件名 | 类 | 子类 | 数量 | 参数 | 备注 |
|---|---|---|---|---|---|
| AM16V8 | PLDs & FPGAs | | 1 | | GAL |
| RESPACK-8 | Resistors | Resistor Packs | 1 | | 电阻排 |
| LED-YELLOW | Optoelectronics | LEDs | 8 | | 发光二极管 |
| LOGICSTATE | Debugging Tools | Logic Stimuli | 3 | | 输入状态 |

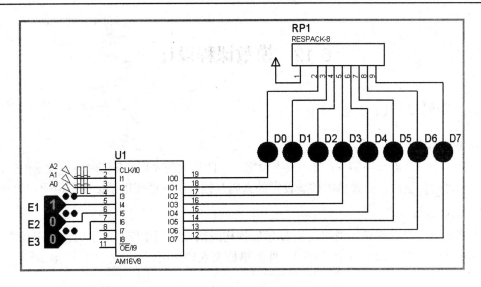

图 6.11.7　GAL 编程实训图

在图 6.11.7 中，为 AM16V8 的 2、3、4 脚添加数字时钟脉冲 DCLOCK，三个引脚的名称分别设置为 A2、A1 和 A0，频率分别设置为 4 Hz、2 Hz 和 1 Hz；AM16V8 的 5、6、7 脚接控制使能端 E1、E2 和 E3，只有当 E1=1，E2=E3=0 时，才能译码。双击 AM16V8，将弹出如图 6.11.8 所示的对话框。在图 6.11.8 中点击文件夹图标，选择上述生成的"Decoder.jed"文件，点击"OK"。

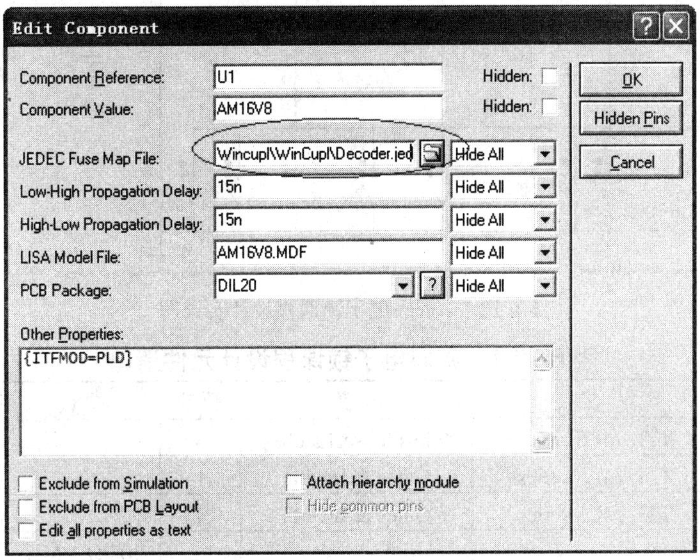

图 6.11.8　添加 Decoder.jed 文件

从仿真结果来看，AM16V8A 可按照 74LS138 译码器的功能实现译码，LED 灯依次点亮，并且当输入控制使能端不满足 E1=1，E2=E3=0 时，均不能实现译码功能，LED 灯均不亮。

# 6.12　模数课程设计

## 6.12.1　密码电子锁

### 1. 设计题目

设计一个密码电子锁实训，要求预先设定一个四位数的密码，开锁时能按设定的密码开锁，密码可自行更换，更换后再按新设定的密码开锁，同时密码电子锁兼有电子门铃功能。

### 2. 设计过程

本密码电子锁课程设计采用四位 D 触发器构成四位密码电路，电子门铃采用扬声器代替，其实训图如图 6.12.1 所示，所用元件清单如表 6.12.1 所示。

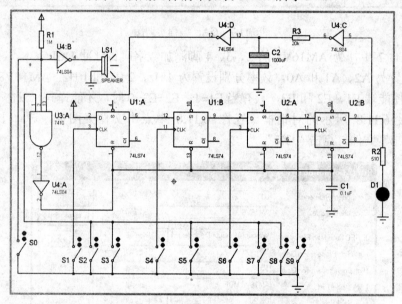

图 6.12.1　密码电子锁课程设计实训图

表 6.12.1　密码电子锁课程设计元件清单

| 元件名 | 类 | 子类 | 数量 | 参数 | 备注 |
|---|---|---|---|---|---|
| 74LS74 | TTL 74LS series | Flip-Flops&Latches | 4 | | D 触发器 |
| 74LS10 | TTL 74LS series | Gates & Inverts | 1 | | 三输入与非门 |
| 74LS04 | TTL 74LS series | Gates & Inverts | 4 | | 非门 |
| RES | Resistors | Generic | 3 | 20 kΩ,1 MΩ, 510 Ω | 电阻 |
| CAP | Capacitors | Generic | 1 | 0.1 μF | 电容 |
| CAPACITOR | Capacitors | Animated | 1 | 1000 μF | 充电电容 |
| SWITCH | Switches and Relays | Switches | 10 | | 开关 |
| LED | Optoelectronics | LEDs | 1 | | 发光二极管 |
| SPEAKER | Speakers & Sounders | | 1 | | 扬声器 |

1) 四位密码锁主体电路

在上述电路中，四个 D 触发器构成四位密码电路，预先设定密码锁密码为 1469，则开关 S1、S4、S6、、S9 分别是 1、4、6、9 四位密码的按钮端，平时四个 D 触发器的 CLK 端皆悬空，相当于"1"状态，触发器保持原状态不变。

当按下 S1 时，CLK1 为低电平，松手后 S1 自动恢复高电平，CLK1 获上升沿，此时 Q1=D1=1。

再按下 S4 时，CLK2 为低电平，松手后 S4 自动恢复高电平，CLK2 获上升沿，此时 Q2=D2= Q1=1。

同理，按下 S6 并松手后，Q3=D3=Q2=1；按下 S9 并松手后，Q4=D4=Q3=1。用 Q4=1 去控制开锁机构即可，此处用 R2 和 LED 显示来代替开锁机构开锁。

2) 置零与电子门铃控制电路

在上述电路中，由于电容上电压不能突变，在接通电源瞬间 C1 电压为零，因此四个 D 触发器的输出皆为零。S0 既用于四个 D 触发器直接置零，又用于控制电子门铃的触发端。当 S0=0 时，通过 U3:A 和 U4:A 使四个 D 触发器直接置零。同时，通过 U4:B 使扬声器的触发端获高电平而起振，发出门铃声。

3) 延时电路

门 U4:C、U4:D、U3:A、U4:A 构成延时电路。开锁时，$\overline{Q4}=0$，经过 U4:C 后为 1，经 R3C2 延时并经 U4:D 后为 0，然后经 U3:A 和 U4:A 后为 0，使四个 D 触发器为零，结束开锁状态。

4) 更换密码

若要更换密码，只需将各触发器的 CLK 端改接到 S1～S9 相应位置，即可完成密码更换任务。

 小提示

在图 6.12.1 中，延时电路 $R_3$ 和 $C_2$ 的参数选择需要反复调试，当电容 $C_2$ 充电充至 U4:D 的开门电平时，U4:D 的输出为低电平，密码电子锁开锁时间结束。

## 6.12.2  数字钟

### 1. 设计题目

设计一个数字钟电路，要求能显示秒、分、时，时间显示采用 24 小时制，同时要求数字钟具有时间校准功能。

### 2. 设计过程

数字钟一般采用专用的数字钟集成块。此类数字钟集成块不但能显示秒、分、时，有的还能显示日期和星期，甚至有的还具有多种方式的报时等功能。数字钟集成块将秒信号产生器、分频器、计数电路、译码电路以及为适合扫描方式工作而设置的多路选择电路、显示顺序脉冲分配电路等都集成在一块芯片上。使用时，只需将一个 32768 晶体焊上去，

再将 6 位液晶显示板接上，接通电源就可工作，所以其功耗极小，价格也低廉。

　　为了使学生了解数字钟电路的组成，熟悉有关集成器件的应用，故采用通用数字集成器件来实现较为简单的数字钟电路。

　　数字钟电路的基本组成包括秒信号产生电路，秒、分、时的计数、译码、显示电路，还有时间校准电路，其实训图如图 6.12.2 所示，所用元件清单如表 6.12.2 所示。

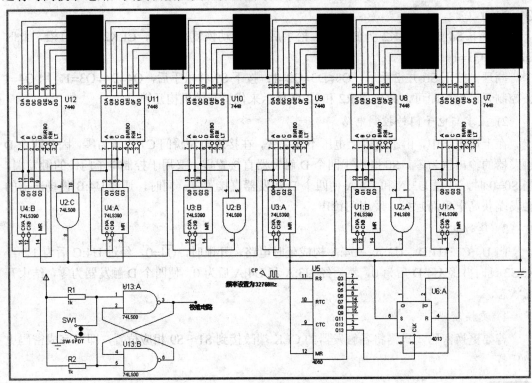

图 6.12.2　数字钟课程设计实训图

表 6.12.2　数字钟课程设计元件清单

| 元件名 | 类 | 子类 | 数量 | 参数 | 备注 |
|---|---|---|---|---|---|
| 7448 | TTL 74 series | Decoders | 6 | | 译码器 |
| 74LS390 | TTL 74LS series | Counters | 6 | | 计数器 |
| 74LS08 | TTL 74LS series | Gates & Inverts | 3 | | 与门 |
| 74LS00 | TTL 74LS series | Gates & Inverts | 2 | | 与非门 |
| 4060 | CMOS 4000 series | Counters | 1 | | 计数/分频/振荡器 |
| 4013 | CMOS 4000 series | Flip-Flops&Latches | 1 | | D 触发器 |
| RES | Resistors | Generic | 2 | 1 kΩ | 电阻 |
| SW-SPDT | Switches & Relays | Switches | 1 | | 单刀双掷开关 |
| 7SEG-COM-CATHODE | Optoelectronics | 7-Segment Displays | 6 | | 共阴数码管 |

1) 秒信号产生电路

　　秒信号产生电路是用来产生时间标准的电路。本课程设计采用集成 14 级分频器 4060

和 4013 触发器构成秒信号，其中 4060 输入频率为 32 768 Hz 的方波信号，经 14 级分频后得到 2 Hz 的方波信号，再经过 4013 构成二分频电路，得到 1 Hz(周期为 1 s)的秒脉冲。

2) 秒、分、时的计数、译码和显示电路

秒、分、时计数电路各采用一块 74LS390 双十进制计数器级联，利用反馈归零的办法，各自分别接成六十进制、六十进制、二十四进制电路。例如，秒计数电路其右半边接成十进制计数作秒个位，其左边接成六进制计数，用反馈归零的办法级联，构成六十进制的秒计数电路。

分计数电路的接法与秒计数电路相同。

时计数电路其右半边接成四进制计数作时个位，其左边接成二进制计数，用反馈归零的办法级联，构成二十四进制的时计数电路。

译码器采用 7448，与之配套的显示器件采用共阴数码管。

3) 校准电路

当数字钟与标准时钟有误差时，可采用图 6.12.2 左下角的校准电路进行校准。校准电路为手动产生脉冲信号，可分别校准秒、分、时。

### 3. 调试仿真

对电路进行调试仿真，可实现数字钟的基本功能。

练习：若计数采用 12 小时制，电路应如何改接？请读者自行实现此功能。

## 6.12.3　多模式彩灯

### 1. 设计题目

设计一个彩灯控制电路，四个彩灯红、绿、蓝、黄的循环显示顺序如下：

(1) 红、绿、蓝、黄依次亮，间隔 1 s，共 4 s。

(2) 红、绿、蓝、黄依次灭，间隔 1 s，共 4 s。

(3) 红、绿、蓝、黄同时亮、同时灭、同时亮、同时灭，时间各为 1 s，共 4 s。

完成一个循环周期共 12 s，开机时自动进入初态 0，彩灯全灭，4 s 后进入规定模式循环运行。

### 2. 设计过程

多模式彩灯课程设计由秒信号产生器、移位寄存器、4 分频器、移位控制器、开机延时电路及电平保持电路等组成，其实训图如图 6.12.3 所示，所用元件清单如表 6.12.3 所示。

表 6.12.3　多模式彩灯课程设计元件清单

| 元件名 | 类 | 子类 | 数量 | 参数 | 备注 |
|---|---|---|---|---|---|
| 74LS74 | TTL 74LS series | Flip-Flops&Latches | 5 | | D 触发器 |
| 74LS02 | TTL 74LS series | Gates & Inverts | 2 | | 二输入或非门 |
| 74LS04 | TTL 74LS series | Gates & Inverts | 4 | | 非门 |
| 74LS194 | TTL 74LS series | Registers | 1 | | 移位寄存器 |
| 4060 | CMOS 4000 series | Counters | 1 | | 计数/分频/振荡器 |
| 4013 | CMOS 4000 series | Flip-Flops&Latches | 1 | | D 触发器 |

| 元件名 | 类 | 子类 | 数量 | 参数 | 备注 |
|---|---|---|---|---|---|
| RES | Resistors | Generic | 7 | 10 kΩ,15 kΩ,<br>510 Ω,220 Ω | 电阻 |
| CAPACITOR | Capacitors | Animated | 1 | 1000 μF | 充电电容 |
| LED-YELLOW | Optoelectronics | LEDs | 1 | | 黄色发光二极管 |
| LED-BLUE | Optoelectronics | LEDs | 1 | | 蓝色发光二极管 |
| LED-GREEN | Optoelectronics | LEDs | 1 | | 绿色发光二极管 |
| LED-RED | Optoelectronics | LEDs | 1 | | 红色发光二极管 |

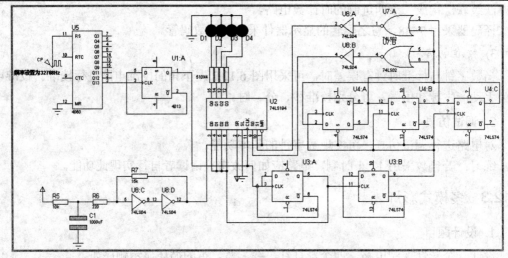

图 6.12.3　多模式彩灯课程设计实训图

1) 秒信号产生

本课程设计采用集成 14 级分频器 4060 和触发器 4013 构成秒信号，其中 4060 输入频率为 32 768 Hz 的方波信号，经 14 级分频后得到 2 Hz 的方波信号，再经过触发器 4013 分频，从 4013 的输出端 Q 可获得 1 Hz 秒脉冲信号。利用 PROTEUS 中虚拟仪器中的定时/计数器可测量 4013 触发器输出端 Q 的频率，如图 6.12.4 所示。

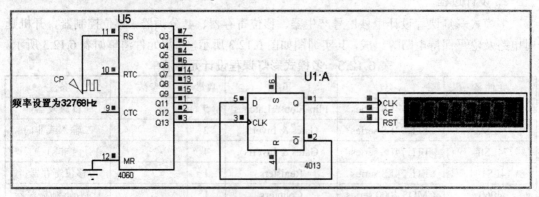

图 6.12.4　多模式彩灯秒脉冲测量图

2) 移位寄存器

根据 74LS194 移位寄存器的基本功能，其右移输入端 SR=1，在 S1S0=01 时可以右移，其左移输入端 SL=0，在 S1S0=10 时可以左移，在 S1S0=11 时可以并行置数。本电路正是采用了这种接法。

3) 4 分频器

U3:A 和 U3:B 构成的 4 分频器其 U3:B 输出端 Q 输出周期为 4 秒的脉冲信号，输入移位控制器 U4:A～U4:C 的 CLK 端作 CP 脉冲使用，同时从 U3:A 端输出周期为 2 s 的脉冲移位寄存器的并行数据输入端 D0～D3 作并行输入数据使用。

4) 移位控制器

U4:A～U4:C 构成移位型控制器，其输出状态 Q1Q2Q3 按 100→010→001 状态往复循环。

5) 开机延时电路及电平保持电路

开机时，电容 C1 上的电压不能突变，其低电平使 74LS194 置零，使移位控制器 Q1Q2Q3 置 100。开机几秒后，C1 上的电压为高电平，此后开机电路不再影响移位寄存器和移位型控制器。

开机初工作后，因 Q1Q2Q3=100，通过 U7:A、U7:B、U8:A、U8:B 使移位寄存器的 S1S0=01，执行右移任务。

经过 4 s 后，Q1Q2Q3=010，通过 U7:A、U7:B、U8:A、U8:B 使移位寄存器的 S1S0=10，执行左移任务。

再经过 4 s 后，Q1Q2Q3 = 001，通过 U7:A、U7:B、U8:A、U8:B 使移位寄存器的 S1S0=11，执行置数任务，将 U3:A 的状态通过移位寄存器的 D0～D3 置数端置入移位寄存器。这样一来，此彩灯显示控制电路将按课程设计要求循环显示。

 小提示

在图 6.12.3 中，开机延时电路的工作原理为：由于电容上电压不能突变，刚上电时刻，电容上的电压为 0，则 74LS194 和 U4:A～U4:C 的复位脚(或置位脚)有效，四个彩灯全灭，同时移位控制器输出 Q1Q2Q3=100，使移位寄存器的 S1S0=01，实现右移功能。随着时间的推移，电容上逐渐充满电，此时 74LS194 和 U4:A～U4:C 的复位脚(或置位脚)无效，自动进入上述设计的循环中。

### 6.12.4　数字频率计

#### 1. 设计题目

设计一个频率计，其测量频率范围为 1～999.9 kHz，分三挡：

(1) ×1 挡为 1～9999 Hz；

(2) ×10 挡为 10～99.99 kHz；

(3) ×100 挡为 100～999.9 kHz。

频率计能测试幅度大于 2 V 的方波、三角波、尖峰波和正弦波，且具有供自校准用的标准

频率信号输出。

### 2. 设计过程

数字频率计用于计量电信号每秒钟出现的个数，即电信号的频率。因此，对被测电信号要每秒钟不断地进行取样、计数、存储，并用数码管及时地显示出来，才能完成频率计数任务，其实训图如图 6.12.5 所示，所用元件清单如表 6.12.4 所示。

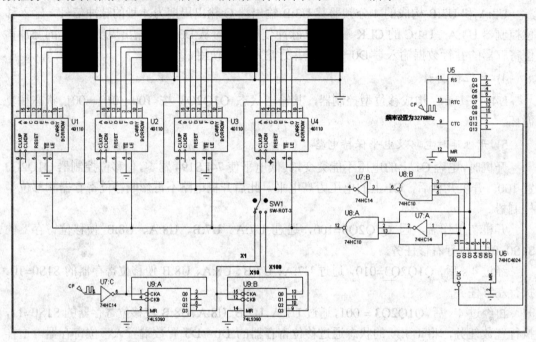

图 6.12.5　数字频率计课程设计实训图

**表 6.12.4　数字频率计课程设计元件清单**

| 元件名 | 类 | 子类 | 数量 | 参数 | 备注 |
|---|---|---|---|---|---|
| 74HC10 | TTL 74HC series | Gates & Inverts | 2 | | 与非门 |
| 74LS390 | TTL 74LS series | Counters | 2 | | 计数器 |
| 74HC14 | TTL 74HC series | Gates & Inverts | 3 | | 非门 |
| 74HC4024 | TTL 74HC series | Counters | 1 | | 计数器 |
| 4060 | CMOS 4000 series | Counters | 1 | | 计数/分频/振荡器 |
| 40110 | CMOS 4000 series | Counters | 4 | | 计数器 |
| 7SEG-COM -CATHODE | Optoelectronics | 7-Segment Displays | 4 | | 共阴数码管 |
| SW-ROT-3 | Switches & Relays | Switches | 1 | | 单刀三掷开关 |

#### 1) 输入信号处理电路

由于被测信号波形各异，幅度不同，而要研究的又仅仅是信号的频率，与信号波形的外形、幅度无关，因此在输入信号波形各不相同的情况下，为了使电路都能正常工作，首先要对输入信号进行整形。整形电路一般采用施密特触发器。

除了要对输入信号进行整形外，有时还要对输入幅度过小的信号进行放大，此时可在输入级加一级电压放大器，使放大后的信号幅度大于 2 V。对输入幅度过大的信号，可以加 RC 分压器进行信号幅度衰减或进行限幅，使之适应施密特触发器对输入信号幅度的要求。

本课程设计输入信号幅度大于 2 V，所以可以直接采用集成施密特触发器进行输入信号整形，如采用 74HC14 六施密特触发器。

本课程设计分为三个量程，采用两片 74LS390 构成 10 分频电路。三个量程分别为 ×1、×10、×100 三挡。

2) 时基电路

因为对被测信号每秒钟都要不断地进行采样，所以就需要不断地产生持续时间为 1 s 的标准时间信号。产生这种信号的电路就是时基电路。时间标准关系到测量的准确度，故时基电路都采用晶体振荡器，经过若干次分频后获得每秒一次的时间标准信号。本课程设计采用 14 级分频器 4060 和 74HC4024 计数器产生秒信号，其中 4060 输入频率为 327 68 Hz 的方波信号，经 13 级分频后得到 4 Hz 的方波信号，再经过 74HC4024 计数器分频，从 74HC4024 的 Q1、Q2、Q3 可分别获得 2 Hz、1 Hz、0.5 Hz 的方波信号。

3) 控制电路

从某种意义上讲，控制电路是整机电路设计成败的关键。它逻辑性强，因此时序关系配合要得当。这部分电路要根据主体电路所选用的器件来进行设计。本课程设计的计数/锁存/译码/驱动部分采用一体化的 40110 器件。图 6.12.5 中，CLKUP 是加计数输入端，CLKDN 是减计数输入端，RESET 是计数器清 0 端(RESET=0，清 0；RESET=1，工作)，$\overline{TE}$ 是计数允许端($\overline{TE}$ =0，允许计数；$\overline{TE}$ =1，停止计数)，LE 是锁存端(LE=0，传输；LE=1，锁存)，CARRY 是进位信号输出端，BORROW 是借位信号输出端，A、B，…，G 是译码输出端。

根据 40110 的功能可知，要使其按清 0—计数 1s—锁存的顺序循环工作，再结合 4060 的输出波形，可得如图 6.12.6 所示的该频率计的工作波形。由图 6.12.6 所示的工作波形可得，实现该波形的逻辑控制电路如图 6.12.5 中的 U7:A、U7:B、U8:A、U8:B 所示。

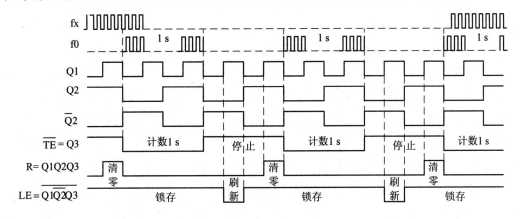

图 6.12.6 数字频率计控制工作波形

4) 主体电路

频率计的主体电路是由计数、锁存、译码、驱动和显示电路组成的。这里采用了计数/锁存/译码/驱动一体化的 40110，将其直接与共阴数码管连接，再将每块 40110 的进位输出端 CARRY 接于其相邻高位的加计数输入端 CLKUP，这样级联就形成了图 6.12.5 中左上角部分的频率计主体电路。

### 3. 调试仿真

对电路进行调试仿真，可实现设计题目中的所有功能。

# 第 7 章　基于 PROTEUS ISIS 的
# 单片机电路仿真

第 6 章详细介绍了基于 PROTEUS ISIS 的数字电路仿真，以基本门电路、触发器、编码器、译码器、计数器、编程器、GAL 等器件为主线，介绍了各类器件的 PROTEUS 仿真技术。本章基于 PROTEUS 单片机电路仿真，以 MCS-51 单片机为核心元件，通过编程控制外围元件实现用户所需功能。下面以常用的单片机电路实训为主线，详细介绍 PROTEUS 单片机电路仿真技术。

## 7.1　单片机最小系统实训

单片机最小系统是能够让单片机工作的最小硬件电路，除了单片机之外，还包括时钟电路和复位电路。时钟电路为单片机提供基本时钟，复位电路用于将单片机内部各电路的状态恢复到初始值。本实训通过 51 单片机控制一个简单的 LED 灯，实现闪烁功能，并将程序编译下载到单片机中，从而使单片机工作起来。单片机最小系统实训图如图 7.1.1 所示，所用元件清单如表 7.1.1 所示。

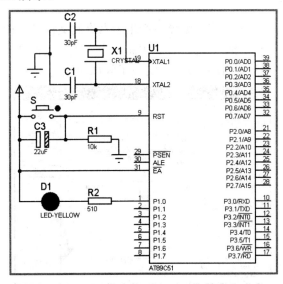

图 7.1.1　单片机最小系统实训图

### 表 7.1.1　单片机最小系统实训元件清单

| 元件名 | 类 | 子类 | 数量 | 参数 | 备注 |
|---|---|---|---|---|---|
| AT89C51 | Microprocessor ICs | 8051 Family | 1 | | 单片机 |
| CRYSTAL | Miscellaneous | | 1 | 12 MHz | 晶振 |
| CAP | Capacitors | Generic | 2 | 30 pF | 电容 |
| CAP-ELEC | Capacitors | Generic | 1 | 22 μF | 极性电容 |
| RES | Resistors | Generic | 2 | 10 kΩ,510 Ω | 电阻 |
| BUTTON | Switches and Relays | Switches | 1 | | 按钮 |
| LED-YELLOW | Optoelectronics | LEDs | 1 | | 发光二极管 |

上述电路图包括时钟电路和复位电路，利用 51 单片机 P1.0 控制 LED 灯，实现闪烁功能。程序代码为：

```
#include <reg51.h>
sbit P1_0=P1^0;
void delay(unsigned char i);
void main( )
{   while(1)
    {   P1_0=0;
        delay(255);
        P1_0=1;
        delay(255);
    }
}
void delay(unsigned char i)
{   unsigned char j,k;
    for(k=0;k<i;k++)
        for(j=0;j<255;j++);
}
```

在 KEIL 软件中输入上述代码，编译后产生十六进制文件 7-1-1.hex，双击 AT89C51，将弹出如图 7.1.2 所示的对话框。在图 7.1.2 中添加十六进制文件 7-1-1.hex，点击"OK"即可。最后进行仿真，可发现 LED 灯按要求实现了闪烁功能。

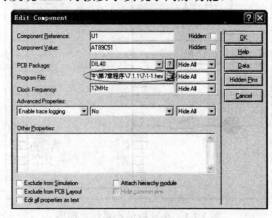

图 7.1.2　添加十六进制文件

练习：要使 LED 灯闪烁的时间间隔小一些，该如何修改程序？请读者自行实现此功能。

# 7.2　模拟汽车转向灯控制实训

安装在汽车不同位置的信号灯是汽车驾驶员之间及驾驶员向行人传递汽车行驶状况的工具，一般包括转向灯、刹车灯、倒车灯等。其中转向灯包括左转灯和右转灯，其状态表示的意义如表 7.2.1 所示。

表 7.2.1　汽车转向灯状态表

| 转向灯显示状态 | | 驾驶员命令 | 开关状态 | |
| --- | --- | --- | --- | --- |
| 左转灯 | 右转灯 | | S0 | S1 |
| 灭 | 灭 | 无命令 | 1 | 1 |
| 灭 | 闪烁 | 右转命令 | 1 | 0 |
| 闪烁 | 灭 | 左转命令 | 0 | 1 |
| 闪烁 | 闪烁 | 故障命令 | 0 | 0 |

本实训利用 PROTEUS 模拟汽车转向灯控制，其中开关 S0、S1 模拟驾驶员发出命令，若开关状态为 0，则表示开关断开，反之闭合。其实训图如图 7.2.1 所示，所用元件清单如表 7.2.2 所示。

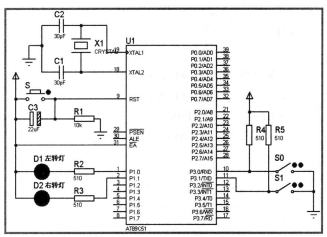

图 7.2.1　模拟汽车转向灯控制实训图

表 7.2.2　模拟汽车转向灯控制实训元件清单

| 元件名 | 类 | 子类 | 数量 | 参数 | 备注 |
| --- | --- | --- | --- | --- | --- |
| AT89C51 | Microprocessor ICs | 8051 Family | 1 | | 单片机 |
| CRYSTAL | Miscellaneous | | 1 | 12 MHz | 晶振 |
| CAP | Capacitors | Generic | 2 | 30 pF | 电容 |
| CAP-ELEC | Capacitors | Generic | 1 | 22 μF | 极性电容 |
| RES | Resistors | Generic | 5 | 10 kΩ,510 Ω | 电阻 |
| BUTTON | Switches and Relays | Switches | 1 | | 按钮 |
| LED-YELLOW | Optoelectronics | LEDs | 2 | | 发光二极管 |
| SWITCH | Switches and Relays | Switches | 2 | | 开关 |

在上述电路图中，开关 S0、S1 模拟驾驶员命令，发光二极管 D1、D2 模拟左转灯和右转灯，两者之间的关系如表 7.2.1 所示。利用开关 S0、S1 的状态即可控制 D1 和 D2 的状态。程序代码为：

```c
#include <reg51.h>
sbit P1_0=P1^0;
sbit P1_1=P1^1;
sbit P3_0=P3^0;
sbit P3_1=P3^1;
void delay(unsigned char i);
void main( )
{
    bit left,right;
    while(1)
    {
        P3_0=1;
        P3_1=1;
        left=P3_0;
        right=P3_1;
        switch(P3)
        {
            case 0xfc: P1_0=1,P1_1=1;break;
            case 0xfd: P1_0=0,P1_1=1;break;
            case 0xfe: P1_0=1,P1_1=0;break;
            case 0xff: P1_0=0,P1_1=0;break;
        }
        delay(255);
        P1_0=1;
        P1_1=1;
        delay(255);
    }
}
void delay(unsigned char i)
{
    unsigned char j,k;
    for(k=0;k<i;k++)
        for(j=0;j<255;j++);
}
```

在 KEIL 软件中输入上述代码，编译后产生十六进制文件 7-2-1.hex，双击 AT89C51，将弹出如图 7.2.2 所示的对话框。在图 7.2.2 中添加十六进制文件 7-2-1.hex，点击"OK"即可。最后进行仿真，可实现表 7.2.1 的所有功能。

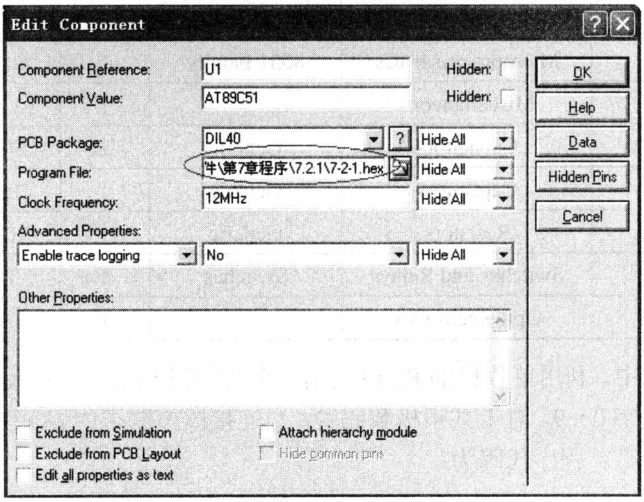

图 7.2.2　添加十六进制文件

## 7.3　基于 LED 数码管的简易秒表设计实训

利用 51 单片机控制 1 个 LED 数码管，依次循环显示 0～9，显示间隔时间为 1 s，即可实现一位数的简易秒表。基于 LED 数码管的简易秒表设计实训图如图 7.3.1 所示，所用元件清单如表 7.3.1 所示。

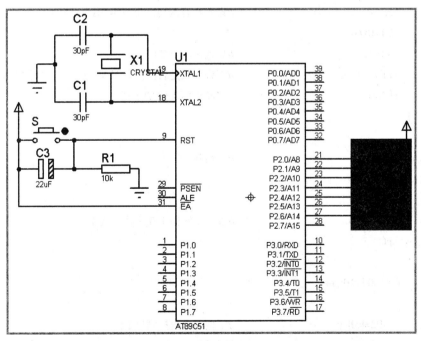

图 7.3.1　基于 LED 数码管的简易秒表设计实训

**表 7.3.1　　基于 LED 数码管的简易秒表设计实训元件清单**

| 元件名 | 类 | 子类 | 数量 | 参数 | 备注 |
|---|---|---|---|---|---|
| AT89C51 | Microprocessor ICs | 8051 Family | 1 | | 单片机 |
| CRYSTAL | Miscellaneous | | 1 | 12 MHz | 晶振 |
| CAP | Capacitors | Generic | 2 | 30 pF | 电容 |
| CAP-ELEC | Capacitors | Generic | 1 | 22 μF | 极性电容 |
| RES | Resistors | Generic | 1 | 10 kΩ | 电阻 |
| BUTTON | Switches and Relays | Switches | 1 | | 按钮 |
| 7SEG-COM-ANODE | Optoelectronics | | 1 | | 数码管 |

在上述电路图中,利用单片机的 P2 口控制一个共阳极 LED 数码管,向 P2 口输出相应字型码即可显示数字 0～9。对于共阳极数码管,当连接段控制端的 I/O 引脚输出低电平时,相应段的发光管点亮。程序代码为:

```
#include<reg51.h>
unsigned char led[]={0xc0,0xf9,0xa4,0xb0,0x99,0x92,0x82,0xf8,0x80,0x90};
                                    //定义数组 led 存放数字 0～9 的字型码
void delay1s( )                     //采用定时器 1 实现 1s 的延时
{
    unsigned char i;
    for(i=0;i<20;i++)               //设置循环次数为 20
    {
        TH1=0x3c;                   //设置定时器初值为 3CB0H
        TL1=0xb0;
        TR1=1;                      //启动定时器 T1
        while(!TF1);                //查询计数是否溢出,即 50 ms 时间到则 TF1=1
        TF1=0;                      //将溢出标志位 TF1 清零
    }
}
void main( )                        //主函数
{
    unsigned char i;
    TMOD=0x10;                      //设置定时器 1 在工作方式 1
    while(1)
    {
        for(i=0;i<10;i++)
        {
            P2=led[i];              //字型码送段控制口 P1
            delay1s( );             //延时 1 s
        }
```

```
        }
    }
```

在 KEIL 软件中输入上述代码，编译后产生十六进制文件 7-3-1.hex，双击 AT89C51，将弹出如图 7.3.2 所示的对话框。在图 7.3.2 中添加十六进制文件 7-3-1.hex，点击"OK"即可。最后进行仿真，可实现每隔 1s 依次循环显示数字 0～9。

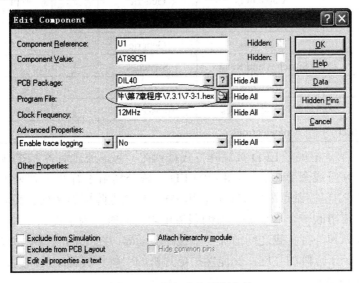

图 7.3.2　添加十六进制文件

# 7.4　电子广告牌实训

利用 51 单片机控制 1 个 8×8 LED 点阵显示模块，依次循环显示 0～9，显示间隔时间为 1 s，实现一位数的简易秒表。电子广告牌实训图如图 7.4.1 所示，所用元件清单如表 7.4.1 所示。

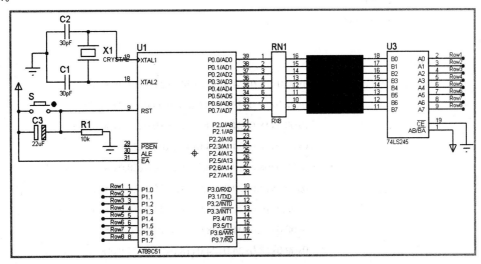

图 7.4.1　电子广告牌实训图

**表 7.4.1　电子广告牌实训元件清单**

| 元件名 | 类 | 子类 | 数量 | 参数 | 备注 |
|---|---|---|---|---|---|
| AT89C51 | Microprocessor ICs | 8051 Family | 1 | | 单片机 |
| CRYSTAL | Miscellaneous | | 1 | 12 MHz | 晶振 |
| CAP | Capacitors | Generic | 2 | 30 pF | 电容 |
| CAP-ELEC | Capacitors | Generic | 1 | 22 μF | 极性电容 |
| RES | Resistors | Generic | 1 | 10 kΩ | 电阻 |
| BUTTON | Switches and Relays | Switches | 1 | | 按钮 |
| R×8 | Resistors | Resistor Packs | 1 | | 电阻排 |
| 74LS245 | TTL 74LS series | Transceivers | 1 | | 缓冲器 |
| MATRIX-8×8-RED | Optoelectronics | | 1 | | 8X8 点阵 |

　　LED 点阵显示是把很多 LED 按矩阵方式排列在一起，通过对各 LED 发光与不发光的控制来完成各种字符或图形的显示。8×8 LED 点阵分别由 8 行和 8 列来控制。在图 7.3.1中，用单片机的 P1 口控制点阵屏的 8 行，用 P0 口控制点阵屏的 8 列。实际应用中，P0 口用于控制列线，需串联一个 300 Ω左右的限流电阻。同时，为了提高单片机端口带负载的能力，通常在端口和外接负载之间增加一个缓冲驱动器。图 7.4.1 中 P1 口通过 74LS245 与点阵连接，既保证了点阵的亮度，又能保护单片机的引脚。其程序代码为：

```c
#include<reg51.h>
void delay(unsigned char i)
{    unsigned char k,j;
     for(k=0;k<i;k++)
         for(j=0;j<255;j++);
}
void delay1ms( )        //软件实现延时 1ms
{    unsigned char i;
     for(i=0;i<0x10;i++);
}
void main( )
{    unsigned char code led[]={0x00,0x18,0x24,0x24,0x24,0x24,0x18,0x00, //0
                 0x08,0x18,0x28,0x08,0x08,0x08,0x3e,0x00, //1
                 0x00,0x18,0x24,0x24,0x08,0x10,0x3c,0x00, //2
                 0x00,0x18,0x24,0x04,0x18,0x04,0x24,0x18, //3
                 0x00,0x08,0x10,0x28,0x48,0x3e,0x08,0x00, //4
                 0x00,0x2c,0x20,0x28,0x04,0x24,0x18,0x00, //5
                 0x08,0x10,0x20,0x38,0x24,0x24,0x18,0x00, //6
                 0x00,0x3c,0x04,0x08,0x10,0x10,0x10,0x00, //7
                 0x00,0x18,0x24,0x24,0x18,0x24,0x24,0x18, //8
                 0x00,0x18,0x24,0x24,0x1c,0x04,0x24,0x18};//9
```

```
unsigned char w;
unsigned int j,k,l,m;
while(1)
{    for(j=0;j<10;j++)              //字符个数控制变量
    {    for(k=0;k<1000;k++)        //每个字符扫描 1000 次，控制每个字符的显示时间
        {    w=0x01;                //行变量指向第一行
            l=j*8;
            for(m=0;m<8;m++)
            {    P1=0x00;           //关闭行，防止出现显示残留
                P0=~led[l];         //列数据取反后值送至 P0 口
                P1=w;               //打开行
                delay1ms( );
                w<<=1;              //逐行扫描
                l++;                //指向数组中下一个显示码
            }
        }
    }
}
```

在 KEIL 软件中输入上述代码，编译后产生十六进制文件 7-4-1.hex，双击 AT89C51，将弹出如图 7.4.2 所示的对话框。在图 7.4.2 中添加十六进制文件 7-4-1.hex，点击"OK"即可。最后进行仿真，可实现每隔 1 s 依次循环显示 0～9。

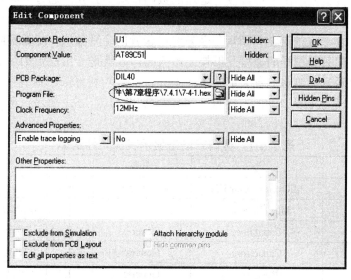

图 7.4.2　添加十六进制文件

**练习**：如果要在 8×8 点阵上显示的图形如图 7.4.3 所示，程序该如何修改？请读者自行实现此功能。

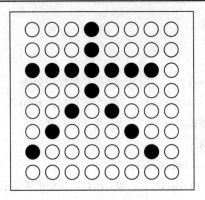

图 7.4.3　显示汉字字符

# 7.5　数码管动态显示实训

　　LED 数码管显示分为静态显示方式和动态显示方式两种。静态显示方式是指数码管的每一个段码都由一个 I/O 口驱动，每一个发光二极管连续显示直至 CPU 刷新输出数据。静态显示的优点是编程简单，显示亮度高，缺点是占用 I/O 端口较多，一般适合显示位数较少的场合。为了克服静态显示方式的缺点，节省 I/O 线，通常采用动态显示方式。

　　动态显示方式是将所有数码管的 8 个显示 a、b、c、d、e、f、g、dp 的同名端连在一起，为每个数码管的公共极 COM 增加位选通控制电路，位选通由各自独立的 I/O 线控制，当单片机输出段码时，所有数码管都接收到相同的段码，但究竟是哪个数码管会显示出字形，取决于单片机对位选通 COM 端电路的控制，所以我们只要将需要显示的数码管的选通控制打开，该位就显示出字形，没有选通的数码管就不会亮。通过分时轮流控制各个数码管的 COM 端，可使各个数码管轮流显示。在轮流显示过程中，每位数码管的点亮时间为 1 ms～2 ms，由于人的视觉暂留现象及发光二极管的余辉效应，尽管实际上各位数码管并非同时点亮，但只要扫描的速度足够快，给人的印象就是一组稳定的显示数据，不会有闪烁感。动态显示方式能够节省大量的 I/O 端口，而且功耗更低。本节利用数码管动态显示自己的生日(修定生日为 1980 年 7 月 8 日)，实训图如图 7.5.1 所示，所用元件清单如表 7.5.1 所示。

表 7.5.1　数码管动态显示实训元件清单

| 元件名 | 类 | 子类 | 数量 | 参数 | 备注 |
| --- | --- | --- | --- | --- | --- |
| AT89C51 | Microprocessor ICs | 8051 Family | 1 | | 单片机 |
| CRYSTAL | Miscellaneous | | 1 | 12 MHz | 晶振 |
| CAP | Capacitors | Generic | 2 | 30 pF | 电容 |
| CAP-ELEC | Capacitors | Generic | 1 | 22 μF | 极性电容 |
| RES | Resistors | Generic | 1 | 10 kΩ | 电阻 |
| BUTTON | Switches and Relays | Switches | 1 | | 按钮 |
| 74LS245 | TTL 74LS series | Transceivers | 1 | | 缓冲器 |
| 7SEG-MPX6-CA | Optoelectronics | | 1 | | 6 位数码管 |

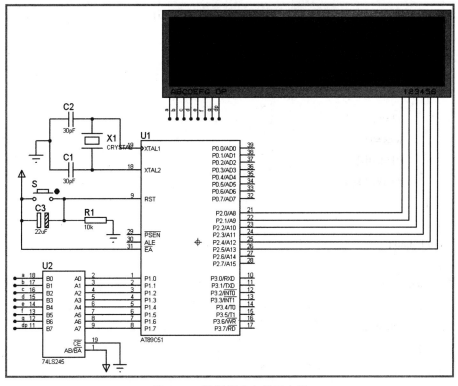

图 7.5.1　数码管动态显示实训

在上述电路图中，六位数码管的位选端由 P2.0～P2.5 控制，段选端由 P1 口控制，P1口通过 74LS245 与数码管的段选端连接，既能保证数码管的亮度，又能保护单片机引脚。其程序代码为：

```c
#include<reg51.h>
void delay1ms( )
{
    unsigned char i;
    TMOD=0x20;
    TH1=6;
    TL1=6;
    TR1=1;
    for(i=0;i<4;i++)
    {
        while(!TF1);
        TF1=0;
    }
}
void disp( )
{
```

```
unsigned char led[ ]={0x80,0xc0,0xc0,0xf8,0xc0,0x80};
unsigned char i,w;
w=0x01;
for(i=0;i<6;i++)
{
    P2=w;
    w<<=1;
    P1=led[i];
    delay1ms( );
}
}
void main( )
{
    while(1)
    {
        disp( );
    }
}
```

🔑 小提示

对于数码管的动态显示，其各个数码管之间的延时时间应控制在 1 ms～2 ms。上述程序中，延时程序采用定时器编写，利用定时器 T1，工作于方式 2，定时初值为 250 μs，循环 4 次，为 1000 μs，即定时 1 ms。

在 KEIL 软件中输入上述代码，编译后产生十六进制文件 7-5-1.hex，双击 AT89C51，将弹出如图 7.5.2 所示的对话框。在图 7.5.2 中添加十六进制文件 7-5-1.hex，点击 "OK" 即可。最后进行仿真，可显示如图 7.5.3 所示的生日。

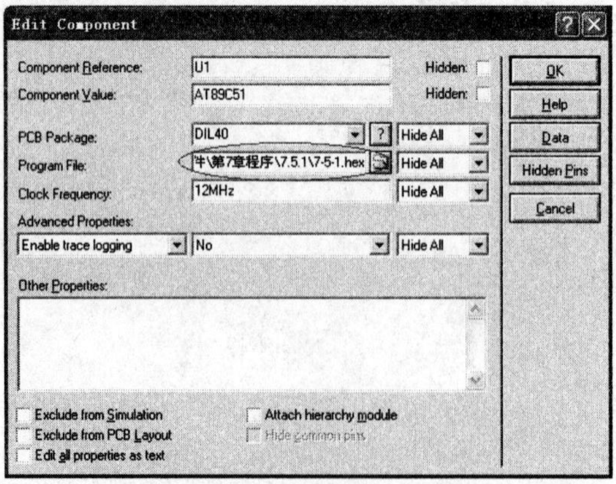

图 7.5.2　添加十六进制文件

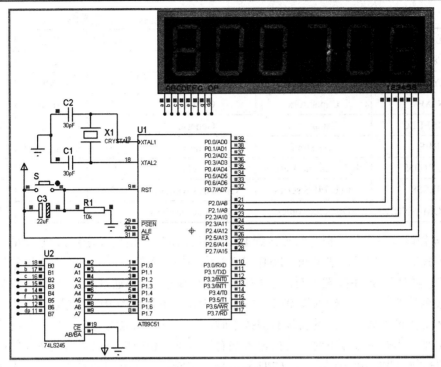

图 7.5.3　显示生日图

# 7.6　中断扫描方式的矩阵式键盘设计实训

采用中断扫描方式设计 4×4 矩阵键盘，当某个键被按下时，LED 数码管显示相应按键的键值。中断扫描方式的矩阵式键盘实训图如图 7.6.1 所示，所用元件清单如表 7.6.1 所示。

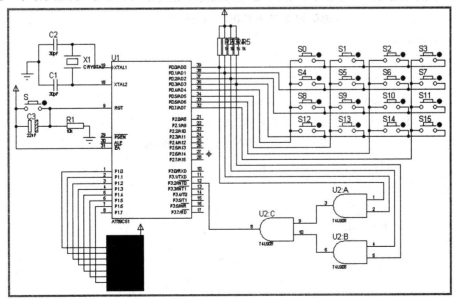

图 7.6.1　中断扫描方式的矩阵式键盘实训图

表 7.6.1　中断扫描方式的矩阵式键盘实训元件清单

| 元件名 | 类 | 子类 | 数量 | 参数 | 备注 |
|---|---|---|---|---|---|
| AT89C51 | Microprocessor ICs | 8051 Family | 1 | | 单片机 |
| CRYSTAL | Miscellaneous | | 1 | 12 MHz | 晶振 |
| CAP | Capacitors | Generic | 2 | 30 pF | 电容 |
| CAP-ELEC | Capacitors | Generic | 1 | 22 μF | 极性电容 |
| RES | Resistors | Generic | 5 | 10 kΩ,1 kΩ | 电阻 |
| BUTTON | Switches and Relays | Switches | 17 | | 按钮 |
| 74LS08 | TTL 74LS series | Gates & Inverters | 3 | | 与门 |
| 7SEG-COM-ANODE | Optoelectronics | 7-Segment Displays | 1 | | 数码管 |

　　4×4 矩阵式键盘的 4 根行线连接到 P0 口的低四位，4 根列线连接到 P0 口的高四位。按照矩阵式键盘的扫描方法可知，P0.0～P0.3 为扫描输入线，P0.4～P0.7 为键输出线。图 7.6.1 中的与门用于产生按键中断，其输入端与各行线相连，再通过上拉电阻接至+5V 电源，输出端接至外部中断 0 的输入端 P3.2。LED 数码管由单片机的 P1 口控制。

　　具体工作过程如下：当键盘没有键按下时，与门各输入端均为高电平，与门输出端也保持高电平；当有键被按下时，与门输入端有低电平，相应地与门输出端变为低电平，从而控制 P3.2 向 CPU 申请中断，若 CPU 开放外部中断，则会响应中断请求，转去执行键盘扫描程序并获得对应键值，最终通过 LED 数码管显示。其程序代码为：

```c
#include<reg51.h>
#define uchar unsigned char
void display(uchar num);
void delay10ms();
uchar code led[]={0xc0,0xf9,0xa4,0xb0,0x99,0x92,0x82,0xf8,
                  0x80,0x90,0x88,0x83,0xc6,0xa1,0x86,0x8e};

void main( )
{
    P1=0xff;
    TMOD=0x10;              //T1 在工作方式 1
    IE=0x87;               //开中断总允许位和外部中断 0 允许位
    IT0=1;                 //设置外部 0 中断下降沿触发
    while(1)
    {
        P0=0xef;
        P0=0xdf;
        P0=0xbf;
        P0=0x7f;
    }
}
```

```
void display(uchar num)
{
    P1=led[num];
}
void delay10ms( )
{

    TH1=0xd8;
    TL1=0xf0;
    TR1=1;
    while(!TF1);
    TF1=0;

}
void inth() interrupt 0              //外部中断 0
{
    uchar temp,key;
    P0=0xef;                         //扫描第一行
    temp=P0;                         //P0 状态送给变量 temp
    temp=temp&0x0f;                  //与操作屏蔽低四位
    if(temp!=0x0f)                   //P0 高四位有低电位进入
    {
        delay10ms( );                //延时 10 ms
        temp=P0;                     //P0 状态送给变量 temp
        temp=temp&0x0f;              //与操作屏蔽低四位
        if(temp!=0x0f)
        {
            temp=P0;                 //判断后的 P0 状态送给变量 temp
            switch(temp)
            {
                case 0xee:key=0;break;     //键值为 0 的按键按下
                case 0xed:key=4;break;     //键值为 1 的按键按下
                case 0xeb:key=8;break;     //键值为 2 的按键按下
                case 0xe7:key=12;break;    //键值为 3 的按键按下
            }
            while(temp!=0x0f)   //等待按键释放，即 P0 高四位恢复高电位，结束循环
            {
                temp=P0;
                temp=temp&0x0f;
            }
```

```
            display(key);              //显示键值
        }
    }
    P0=0xdf;                          //扫描第一行
    temp=P0;                          //P0 状态送给变量 temp
    temp=temp&0x0f;                   //与操作屏蔽低四位
    if(temp!=0x0f)                    //P0 高四位有低电位进入
    {
        delay10ms( );
        temp=P0;
        temp=temp&0x0f;
        if(temp!=0x0f)
        {
            temp=P0;
            switch(temp)
            {
                case 0xde:key=1;break;
                case 0xdd:key=5;break;
                case 0xdb:key=9;break;
                case 0xd7:key=13;break;
            }
            while(temp!=0x0f)              //等待按键释放
            {
                temp=P0;
                temp=temp&0x0f;
            }
            display(key);              //显示键值
        }
    }
    P0=0xbf;                          //扫描第一行
    temp=P0;                          //P0 状态送给变量 temp
    temp=temp&0x0f;                   //与操作屏蔽低四位
    if(temp!=0x0f)                    //P0 高四位有低电位进入
    {
        delay10ms( );
        temp=P0;
        temp=temp&0x0f;
        if(temp!=0x0f)
        {
```

```
        temp=P0;
        switch(temp)
        {
            case 0xbe:key=2;break;
            case 0xbd:key=6;break;
            case 0xbb:key=10;break;
            case 0xb7:key=14;break;
        }
        while(temp!=0x0f)                //等待按键释放
        {
            temp=P0;
            temp=temp&0x0f;
        }
        display(key);                    //显示键值
    }
}
P0=0x7f;                                 //扫描第一行
temp=P0;                                 //P0 状态送给变量 temp
temp=temp&0x0f;                          //与操作屏蔽低四位
if(temp!=0x0f)                           //P0 高四位有低电位进入
{
    delay10ms( );
    temp=P0;
    temp=temp&0x0f;
    if(temp!=0x0f)
    {
        temp=P0;
        switch(temp)
        {
            case 0x7e:key=3;break;
            case 0x7d:key=7;break;
            case 0x7b:key=11;break;
            case 0x77:key=15;break;
        }
        while(temp!=0x0f)                //等待按键释放
        {
            temp=P0;
            temp=temp&0x0f;
        }
```

```
            display(key);                    //显示键值
        }
    }
}
```

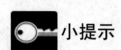 小提示

在单片机应用系统中，键盘扫描是 CPU 的主要工作之一。CPU 对键盘的响应取决于键盘的工作方式。常见的工作方式有三种，即编程扫描、定时扫描和中断扫描。采用前两种工作方式时，无论是否有键按下，CPU 都要扫描键盘，而实际应用时操作人员使用按键的次数和时间是非常有限的，采用前两种方式会大量占用单片机的运行时间，使其它程序的运行受限。因此，在实际工程中，单片机系统较多采用中断扫描方式。

在 KEIL 软件中输入上述代码，编译后产生十六进制文件 7-6-1.hex，双击 AT89C51，将弹出如图 7.6.2 所示的对话框。在图 7.6.2 中添加十六进制文件 7-6-1.hex，点击"OK"即可。最后进行仿真，若按键 S0 按下，数码管显示的数字为"0"；若按键 S1 按下，数码管显示的数字为"1"；若按键 S2 按下，数码管显示的数字为"2"，以此类推，若按键 S15 按下，数码管显示的数字为"F"。

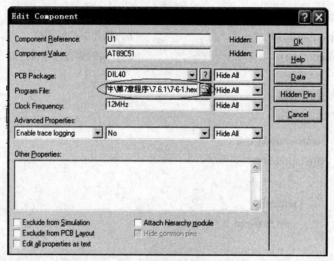

图 7.6.2　添加十六进制文件

## 7.7　模拟交通灯控制实训

设计并实现单片机交通灯控制系统，实现以下情况下的交通灯控制：
(1) 正常情况下双方向轮流点亮信号灯。信号灯的状态如表 7.7.1 所示。
(2) 有紧急车辆通过时，A、B 方向均亮红灯。
本实训主要是定时控制东南西北四个方向上的 12 盏交通信号灯，并且出现紧急情况时，能及时调整交通灯指示状态。

### 表7.7.1　交通灯显示状态表

| 信号灯显示状态 | | | | | | 状态说明 |
|---|---|---|---|---|---|---|
| 东西方向(简称 A 方向) | | | 南北方向(简称 B 方向) | | | |
| 红灯 | 黄灯 | 绿灯 | 红灯 | 黄灯 | 绿灯 | |
| 灭 | 灭 | 亮 | 亮 | 灭 | 灭 | A 方向通行，B 方向禁行 |
| 灭 | 灭 | 闪烁 | 亮 | 灭 | 灭 | A 方向警告，B 方向禁行 |
| 灭 | 亮 | 灭 | 亮 | 灭 | 灭 | A 方向警告，B 方向禁行 |
| 亮 | 灭 | 灭 | 灭 | 灭 | 亮 | A 方向禁行，B 方向通行 |
| 亮 | 灭 | 灭 | 灭 | 灭 | 闪烁 | A 方向禁行，B 方向警告 |
| 亮 | 灭 | 灭 | 灭 | 亮 | 灭 | A 方向禁行，B 方向警告 |

采用 12 个 LED 发光二极管模拟红、黄、绿交通灯，用单片机的 P1 口控制发光二极管的亮灭状态，而单片机的 P1 口只有 8 个控制端，如何控制 12 个二极管的亮灭呢？

观察表 7.7.1 不难发现，在不考虑左转弯行驶车辆的情况下，东、西两个方向的信号灯的显示状态是一样的，所以对应两个方向上的 6 个发光二极管只用 P1 口的 3 根 I/O 口线控制即可。同理，南、北方向上的 6 个发光二极管可用 P1 口的另外 3 根 I/O 口线控制。当 I/O 口线输出高电平时，对应的交通灯灭；反之，当 I/O 口线输出低电平时，对应的交通灯亮。各控制口线的分配以及控制状态如表 7.7.2 所示。

### 表7.7.2　交通灯控制口线分配及控制状态表

| P1.5 | P1.4 | P1.3 | P1.2 | P1.1 | P1.0 | P1 端口数据 | 状态说明 |
|---|---|---|---|---|---|---|---|
| A 红灯 | A 黄灯 | A 绿灯 | B 红灯 | B 黄灯 | B 绿灯 | | |
| 1 | 1 | 0 | 0 | 1 | 1 | F3H | 状态 1：A 通行，B 禁行 |
| 1 | 1 | 0、1 交替变换 | 0 | 1 | 1 | | 状态 2：A 绿灯闪，B 禁行 |
| 1 | 0 | 1 | 0 | 1 | 1 | EBH | 状态 3：A 警告，B 禁行 |
| 0 | 1 | 1 | 1 | 1 | 0 | DEH | 状态 4：A 禁行，B 通行 |
| 0 | 1 | 1 | 1 | 1 | 0、1 交替变换 | | 状态 5：A 禁行，B 绿灯闪 |
| 0 | 1 | 1 | 1 | 0 | 1 | DDH | 状态 6：A 禁行，B 警告 |

根据上述分析，模拟交通灯控制实训图如图 7.7.1 所示，所用元件清单如表 7.7.3 所示。

### 表7.7.3　模拟交通灯控制实训元件清单

| 元件名 | 类 | 子类 | 数量 | 参数 | 备注 |
|---|---|---|---|---|---|
| AT89C51 | Microprocessor ICs | 8051 Family | 1 | | 单片机 |
| CRYSTAL | Miscellaneous | | 1 | 12 MHz | 晶振 |
| CAP | Capacitors | Generic | 2 | 30 pF | 电容 |
| CAP-ELEC | Capacitors | Generic | 1 | 22 μF | 极性电容 |
| RES | Resistors | Generic | 14 | 10 kΩ，300 Ω | 电阻 |
| BUTTON | Switches and Relays | Switches | 2 | | 按钮 |
| LED-GREEN | Optoelectronics | LEDs | 4 | | 绿色二极管 |
| LED-YELLOW | Optoelectronics | LEDs | 4 | | 黄色二极管 |
| LED-RED | Optoelectronics | LEDs | 4 | | 红色二极管 |

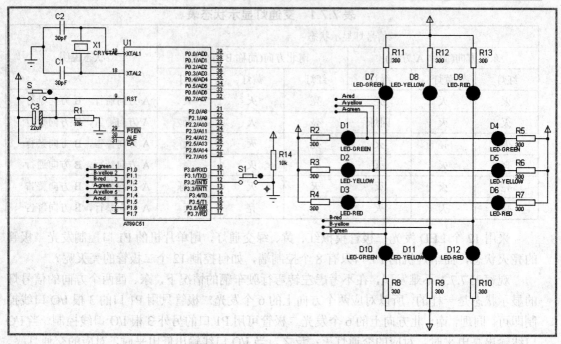

图 7.7.1　模拟交通灯控制实训图

按键 S1 模拟紧急情况发生,当 S1 为高电平(不按按键)时表示正常情况,S1 为低电平(按下按键)时表示紧急情况。S1 按键接至 $\overline{INT0}$(P3.2)脚可实现外部中断 0 中断申请,实现 A、B 方向双向红灯显示。其程序代码为:

```c
#include<REG51.H>
unsigned char t0,t1;
void delay0_5s( )
{
    for(t0=0;t0<10;t0++)
    {
        TH1=0x3c;
        TL1=0xb0;
        TR1=1;
        while(!TF1);
        TF1=0;
    }
}
void delay_t1(unsigned char t)
{
    for(t1=0;t1<t;t1++)
    delay0_5s( );
}
```

```c
void int_0() interrupt 0
{
    unsigned char i,j,k,l,m;
    i=P1;
    j=t0;
    k=t1;
    l=TH1;
    m=TH0;
    P1=0xdb;
    delay_t1(20);
    P1=i;
    t0=j;
    t1=k;
    TH1=1;
    TH0=m;
}
void main( )
{
    unsigned char k;
    TMOD=0x10;
    EA=1;
    EX0=1;
    IT0=1;
    while(1)
    {
        P1=0xf3;
        delay_t1(10);
        for(k=0;k<3;k++)
        {
            P1=0xf3;
            delay0_5s( );
            P1=0xfb;
            delay0_5s( );
        }
        P1=0xeb;
        delay_t1(4);
        P1=0xde;
        delay_t1(10);
        for(k=0;k<3;k++)
```

```
                {
                    P1=0xde;
                    delay0_5s( );
                    P1=0xdf;
                    delay0_5s( );
                }
                P1=0xdd;
                delay_t1(4);
            }
        }
```

在 KEIL 软件中输入上述代码，编译后产生十六进制文件 7-7-1.hex，双击 AT89C51，将弹出如图 7.7.2 所示的对话框。在图 7.7.2 中添加十六进制文件 7-7-1.hex，点击"OK"即可。最后进行仿真，可实现表 7.7.1 的所有功能，且当紧急情况发生(按键 S1 按下)时，A、B 两方向双向红色显示。

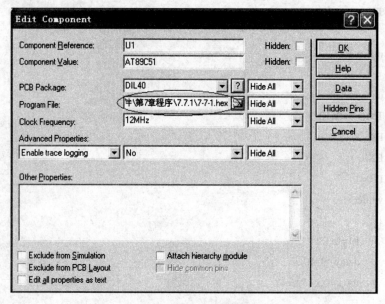

图 7.7.2　添加十六进制文件

练习：要使各个 LED 灯亮或闪烁的时间更长一些，该如何修改程序？请读者自行实现此功能。

# 7.8　液晶显示控制实训

在实际生活中，经常可以看到八段 LED 数码管构成的广告牌显示屏，但数码管构成的显示屏显示的字符有限，不能灵活显示更多的字符和文字。对于显示多个字符的应用场合，就需要使用液晶显示器。液晶显示控制实训图如图 7.8.1 所示，所用元件清单如表 7.8.1 所示。

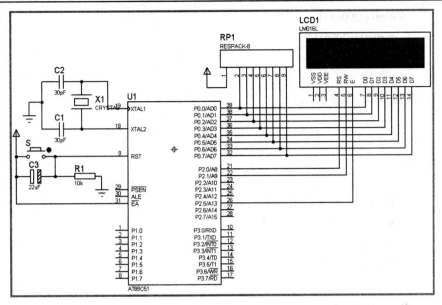

图 7.8.1　液晶显示控制实训图

**表 7.8.1　液晶显示控制实训元件清单**

| 元件名 | 类 | 子类 | 数量 | 参数 | 备注 |
|---|---|---|---|---|---|
| AT89C51 | Microprocessor ICs | 8051 Family | 1 | | 单片机 |
| CRYSTAL | Miscellaneous | | 1 | 12 MHz | 晶振 |
| CAP | Capacitors | Generic | 2 | 30 pF | 电容 |
| CAP-ELEC | Capacitors | Generic | 1 | 22 μF | 极性电容 |
| RES | Resistors | Generic | 1 | 10 kΩ | 电阻 |
| BUTTON | Switches and Relays | Switches | 1 | | 按钮 |
| RESPACK-8 | Resistors | Resistor Packs | 1 | | 电阻排 |
| LM016L | Optoelectronics | Alphanumeric LCDs | 1 | | 液晶 |

在上述电路图中，P2.0 控制液晶数据和指令选择控制端(RS)，P2.1 控制读/写控制线(RW)，P2.5 控制数据读/写操作控制位(E)，P0 控制 8 位数据线。其程序代码为：

```
#include<reg51.h>
typedef unsigned char uint8;
typedef unsigned int uint16;
sbit RS=P2^0;
sbit RW=P2^1;
sbit EN=P2^5;
sbit BUSY=P0^7;
unsigned char code word1[]={"Welcome to Shenz"};      //定义显示的字符
unsigned char code word2[]={"hen Polytechnic"};       //定义显示的字符
void delay()
{   uint16 i,j;
```

```
        for(i=0;i<200;i++)
            for(j=0;j<200;j++);

}
void wait( )    //等待繁忙标志
{
    P0=0xff;
    do
    {
        RS=0;
        RW=1;
        EN=0;
        EN=1;
    }
    while(BUSY==1);
    EN=0;

}
void w_dat(uint8 dat)    //写数据
{
    wait( );
    EN=0;
    P0=dat;
    RS=1;
    RW=0;
    EN=1;
    EN=0;
}
void w_cmd(uint8 cmd)    //写命令
{
    wait( );
    EN=0;
    P0=cmd;
    RS=0;
    RW=0;
    EN=1;
    EN=0;
}
void Init_LCD1602( )        //初始化
```

```
{
    w_cmd(0x38);
    w_cmd(0x0f);
    w_cmd(0x06);
    w_cmd(0x01);
}
void w_string(uint8 addr_start, uint8 *p)        //显示字符
{
    w_cmd(addr_start);
    while (*p != '\0')
    {
        w_dat(*p++);
        delay( );
    }
}
main( )
{
    Init_LCD1602();
    w_string(0x80,word1);
    w_string(0xc0,word2);
    w_cmd(0x0c);
    while(1);
}
```

在 KEIL 软件中输入上述代码，编译后产生十六进制文件 7-8-1.hex，双击 AT89C51，将弹出如图 7.8.2 所示的对话框。在图 7.8.2 中添加十六进制文件 7-8-1.hex，点击"OK"即可。最后进行仿真，从仿真结果来看，液晶上显示的字符为"Welcome to Shenzhen Polytechnic"。

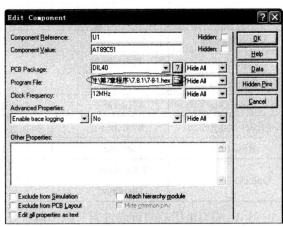

图 7.8.2　添加十六进制文件

# 7.9　A/D 转换接口技术实训

采用 TI 公司生产的 A/D 转换芯片 TLC2543 采集 0～5V 连续可变的模拟电压信号，并将其转变为 12 位数字信号，送至 51 单片机进行处理，在四位数码管上显示出对应的数字信号。0～5 V 的模拟电压信号可通过调节电位器获得。A/D 转换接口技术实训图如图 7.9.1 所示，所用元件清单如表 7.9.1 所示。

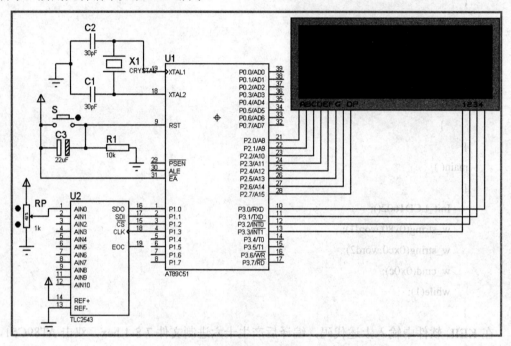

图 7.9.1　A/D 转换接口技术实训图

表 7.9.1　A/D 转换接口技术实训元件清单

| 元件名 | 类 | 子类 | 数量 | 参数 | 备注 |
|---|---|---|---|---|---|
| AT89C51 | Microprocessor ICs | 8051 Family | 1 | | 单片机 |
| CRYSTAL | Miscellaneous | | 1 | 12 MHz | 晶振 |
| CAP | Capacitors | Generic | 2 | 30 pF | 电容 |
| CAP-ELEC | Capacitors | Generic | 1 | 22 μF | 极性电容 |
| RES | Resistors | Generic | 1 | 10 kΩ | 电阻 |
| BUTTON | Switches and Relays | Switches | 1 | | 按钮 |
| POT-HG | Resistors | Variable | 1 | 1 kΩ | 电位器 |
| 7SEG-MPX4-CA | Optoelectronics | 7-Segment Displays | 1 | | 四位数码管 |

在上述电路图中，0～5 V 模拟电压信号可通过调节电位器获得，并被送至 A/D 芯片 TLC2543 的 AIN0 通道。数据输出端 SDO、串行数据输入端 SDI、片选端 $\overline{\text{CS}}$ 和输入/输出

时钟 CLK 分别与 51 单片机的 P1.0～P1.3 相连。四位数码管选用共阳极数码管，位选端由单片机的 P3.0～P3.3 控制，段码端由单片机的 P2.0～P2.7 控制，采用动态扫描法显示。其程序代码为：

```c
#include<reg51.h>
#include<intrins.h>
#include<string.h>
#define uchar unsigned char
#define uint unsigned int
sbit AD_CLOCK=P1^3;            //TLC2543 控制位的宏定义
sbit AD_IN=P1^1;
sbit AD_OUT=P1^0;
sbit AD_CS=P1^2;
uchar table[10]={0xc0,0xf9,0xa4,0xb0,0x99,0x92,0x82,0xf8,0x80,0x90}; //共阳极数码管段码
static const uchar ad_channel_select[]=
    {0x08,0x18,0x28,0x38,0x48,0x58,0x68,0x78,0x88,0x98,0xa8};
                              //通道 0～10 均为 12 位数据，MSB 在前，无符号
uint ad2543(uchar chunnel_select)   //二进制，A/D 转换子程序，读出上一次 AD 值(12 位精
                                    //度)，并开始下一次转换
{   uint din,j;
    uchar dout,i;
    din=0;
    dout=ad_channel_select[chunnel_select];
    for(j=0;j<100;j++);              //延时大于 1us
    AD_CLOCK=0;
    AD_CS=0;
    for(i=0;i<12;i++)
    {
        if(dout&0x80)       AD_IN=1;
        else                AD_IN=0;
        AD_CLOCK=1;
        dout<<=1;
        din<<=1;
        if(AD_OUT==1) din|=0x0001;
        AD_CLOCK=0;
    }
    AD_CS=1;
    for(j=0;j<100;j++);             //延时大于 1us
    return(din);
}
```

```
void display(uint num)          //AD 输出 12 位数字信号，数码管显示程序
{
    uint a;
    P3=0x08;
    P2=table[num/1000];
    for(a=0;a<1000;a++);
    P3=0x04;
    P2=table[(num%1000)/100];
    for(a=0;a<1000;a++);
    P3=0x02;
    P2=table[((num%1000)%100)/10];
    for(a=0;a<1000;a++);
    P3=0x01;
    P2=table[((num%1000)%100)%10];
    for(a=0;a<1000;a++);
}
void main(void)
{
    uint ad;
    while (1)
    {   ad=ad2543(0);
        display(ad);
    }
}
```

图 7.9.2　添加十六进制文件

在 KEIL 软件中输入上述代码，编译后产生十六进制文件 7-9-1.hex，双击 AT89C51，将弹出如图 7.9.2 所示的对话框。在图 7.9.2 中添加十六进制文件 7-9-1.hex，点击 "OK" 即可。最后进行仿真，调节电位器的滑动旋钮，发现在四位数码管上可正确显示 A/D 转换后的 12 位数据：若模拟电压为 5 V(最大值)，其数码管上显示 1111 1111 1111(FFFH)，即十进制为 4095；若模拟电压为 0 V(最小值)，其数码管上显示 0000 0000 0000(000H)，即十进制为 0000；若模拟电压为 2.5 V(中间值)，其数码管上显示 1000 0000 0000(800H)，即十进制为 2048。读者还可自行测试其它模拟电压对应的 12 位数据值。

 小提示

　　TLC2543 是 TI 公司的 12 位串行模/数转换器，采用开关电容逐次逼近技术完成 A/D 转换过程。由于是串行输入结构，能够节省 51 系列单片机 I/O 口资源，且价格适中，分辨率较高，因此在仪器仪表中有较为广泛的应用。

　　TLC2543 与外围电路的连线简单，三个控制输入端为片选端($\overline{CS}$)、输入/输出时钟

(CLOCK)以及串行数据输入端(SDI)。片内的 14 通道多路器可以选择 11 个输入中的任何一个或 3 个内部自测试电压中的一个,采样保持是自动的,转换结束时,EOC 输出变高。

练习:本实训中四位数码管显示的是 TLC2543 转换后的 12 位二进制数(转换为十进制),如果要使四位数码管显示的是输入通道的实时电压,程序该如何改进?请读者自行实现此功能。

# 7.10　D/A 转换接口技术实训

采用 TI 公司生产的 D/A 转换芯片 TLC5615 及 51 单片机组成波形发生器,编制程序产生锯齿波信号,通过程序控制锯齿波信号的幅值及周期。D/A 转换接口技术实训如图 7.10.1 所示,所用元件清单如表 7.10.1 所示。

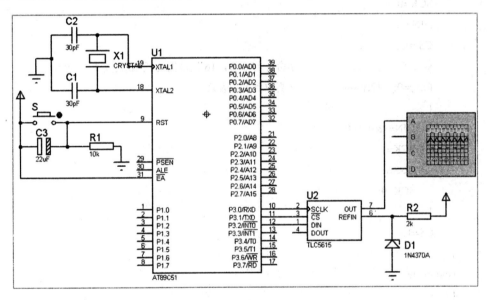

图 7.10.1　D/A 转换接口技术实训图

表 7.10.1　D/A 转换接口技术实训元件清单

| 元件名 | 类 | 子类 | 数量 | 参数 | 备注 |
|---|---|---|---|---|---|
| AT89C51 | Microprocessor ICs | 8051 Family | 1 | | 单片机 |
| CRYSTAL | Miscellaneous | | 1 | 12 MHz | 晶振 |
| CAP | Capacitors | Generic | 2 | 30 pF | 电容 |
| CAP-ELEC | Capacitors | Generic | 1 | 22 μF | 极性电容 |
| RES | Resistors | Generic | 2 | 10 kΩ,2 kΩ | 电阻 |
| BUTTON | Switches and Relays | Switches | 1 | | 按钮 |
| 1N4370A | Diodes | Zener | 1 | 1 kΩ | 稳压管 |
| OSCILLOSCOPE | | | 1 | | 示波器 |

在上述电路图中,TLC5615 与单片机的连接只需 3 根线,即串行时钟输入端 SCLK、

片选端 $\overline{CS}$ 和串行输入端 DIN 分别与单片机的 P3.0～P3.2 相连；参考电压端 REFIN 通过稳压管与电阻相连，以实现各种不同的输入参考电压；输出端 OUT 与示波器相连，以观察锯齿波波形幅值及周期。其程序代码为：

```
#include <reg51.h>
sbit SCK=P3^0;                   //TLC5615 控制位的宏定义
sbit CS=P3^1;
sbit DIN=P3^2;
void TLC5615(unsigned int x)     //TLC5615 转换子程序
{
     unsigned char y;
     CS=1;
     SCK=0;
     DIN=0;
     CS=0;
     x<<=6;                      //舍弃前 6 位，16 位数据的低 10 位变为高 10 位
     for(y=0;y<12;y++)           //高位到低位发送
     {
          DIN=x&0x8000;
          SCK=1;
          x<<=1;
          SCK=0;
     }
     CS=1;
}
void main(  )
{
     unsigned int V_dat=0;
     unsigned char i;
     while(1)
     {
          if(V_dat<700)   V_dat+=10;    //V_dat 的取值决定了锯齿波的幅值及频率
                                        //其值越大，信号幅值及周期就越大
          else            V_dat=0;
          TLC5615(V_dat);               //进行数/模转换
          i=10;
          while(i--);
     }
}
```

在 KEIL 软件中输入上述代码，编译后产生十六进制文件 7-10-1.hex，双击 AT89C51，

将弹出如图 7.10.2 所示的对话框。在图 7.10.2 中添加十六进制文件 7-10-1.hex，点击"OK"即可。最后进行仿真，可从示波器上观察到锯齿波波形，如图 7.10.3 所示。

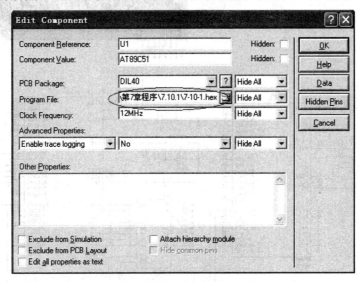

图 7.10.2　添加十六进制文件

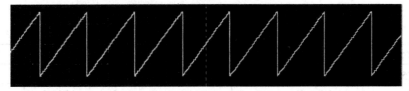

图 7.10.3　锯齿波波形

小提示

TLC5615 是一个 10 位串行 DAC 芯片，其性能比早期电流型输出的 DAC 要好，只需要通过 3 根串行总线就可以完成 10 位数据的串行输入，易于和工业标准的微处理器或微控制器(单片机或 DSP)接口，适用于电池供电的测试仪表、移动电话，也适合于数字失调与增益调整以及工业控制场合。

练习：根据上述产生锯齿波波形的程序，在 TLC5615 的输出端产生正弦波波形，程序该如何书写？请读者自行实现此功能。

# 7.11　双机通信技术实训

本实训通过 51 单片机建立一套简单的单片机串行口双机通信测试系统，发射和接收各用一套 AT89C51 单片机电路，分别称为甲机和乙机，将单片机甲机中存放的数据(例如 617528)发送给乙机，并在乙机的 6 个数码管上显示出来。双机通信技术实训图如图 7.11.1 所示，所用元件清单如表 7.11.1 所示。

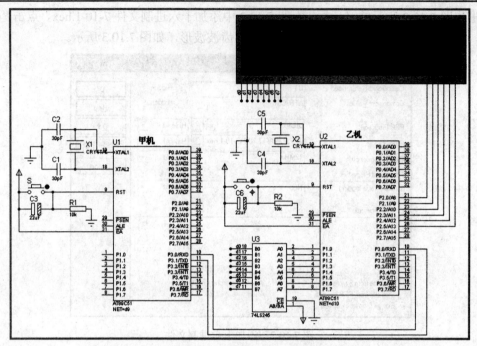

图 7.11.1　双机通信技术实训图

表 7.11.1　双机通信技术实训元件清单

| 元件名 | 类 | 子类 | 数量 | 参数 | 备注 |
|---|---|---|---|---|---|
| AT89C51 | Microprocessor ICs | 8051 Family | 2 | | 单片机 |
| CRYSTAL | Miscellaneous | | 2 | 12 MHz | 晶振 |
| CAP | Capacitors | Generic | 4 | 30 pF | 电容 |
| CAP-ELEC | Capacitors | Generic | 2 | 22 μF | 极性电容 |
| RES | Resistors | Generic | 2 | 10 kΩ | 电阻 |
| BUTTON | Switches and Relays | Switches | 2 | | 按钮 |
| 74LS245 | TTL 74LS series | Transceivers | 1 | | 缓冲器 |
| 7SEG-MPX6-CA | Optoelectronics | | 1 | | 6 位数码管 |

在上述电路图中，乙机的六个数码管采用动态连接方式，各位共阳极数码管相应的段选控制端并联在一起，由 P1 口控制，由同相三态缓冲器/线驱动器 74LS245 驱动，各位数码管的位选端由 P2 口控制。甲机作为发送端，乙机作为接收端，将甲机的 TXD(P3.1，串行数据发送端)引脚接乙机的 RXD(P3.0，串行数据接收端)引脚，将甲机的 RXD 引脚接乙机的 TXD 引脚。值得注意的是，两个系统必须共地。其程序代码如下。

(1) 甲机发送数据的程序代码：

```c
#include <reg51.h>
void main( )                              //主函数
{   unsigned char i;
    unsigned char send[]={6,1,7,5,2,8};   //定义要发送的数据
    TMOD=0x20;                            //定时器 1 工作于方式 2
    TL1=0xf4;                             //波特率为 2400 b/s
```

```
        TH1=0xf4;
        TR1=1;
        SCON=0x40;                      //定义串行口工作于方式 1
        for (i=0;i<6;i++)
        {
            SBUF=send[i];               //发送第 i 个数据
            while(TI==0);               //查询等待发送是否完成
            TI=0;                       //发送完成，TI 由软件清 0
        }
        while(1);
    }
```

(2) 乙机接收数据的程序代码：

```
    #include <reg51.h>
    code unsigned char tab[]={0xc0,0xf9,0xa4,0xb0,0x99,0x92,0x82,0xf8,
                              0x80,0x90};        //定义 0～9 显示字型码
    unsigned char buffer[ ]={0x00,0x00,0x00,0x00,0x00,0x00};//定义接收数据缓冲区
    void disp(void);                    //显示函数声明
    void main()                         //主函数
    {
        unsigned char i;
        TMOD=0x20;                      //定时器 1 工作于方式 2
        TL1=0xf4;                       //波特率定义
        TH1=0xf4;
        TR1=1;
        SCON=0x40;                      //定义串行口工作于方式 1
        for(i=0;i<6;i++)
        {
            REN=1;                      //接收允许
            while(RI==0);               //查询等待接收标志为 1，表示接收到数据
            buffer[i]=SBUF;             //接收数据
            RI=0;                       //RI 由软件清 0
        }
        for(; ;)
        disp();                         //显示接收数据
    }
    void disp()
    {   unsigned char w,i,j;
        w=0x01;                         //位码赋初值
        for(i=0;i<6;i++)
```

```
    {
        P2=w;
        w<<=1;
        P1=tab[buffer[i]];                    //送显示字型段码，buffer[i]作为数组分量的下标
        for(j=100;j>5;j--);                   //显示延时
    }
}
```

　　在 KEIL 软件中输入上述发送和接收代码，编译后产生十六进制文件 7-11-1.hex 和 7-11-2.hex，分别双击甲机的 AT89C51 和乙机的 AT89C51，将弹出如图 7.11.2 所示的对话框。在图 7.11.2 中分别添加十六进制文件 7-11-1.hex 和 7-11-2.hex，点击"OK"即可。最后进行仿真，可观察到乙机的 6 位数码管上显示的正是甲机发送过来的数据"617528"，如图 7.11.3 所示。

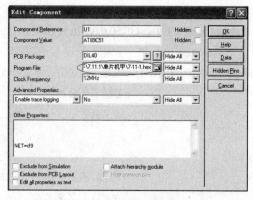

图 7.11.2　添加十六进制文件

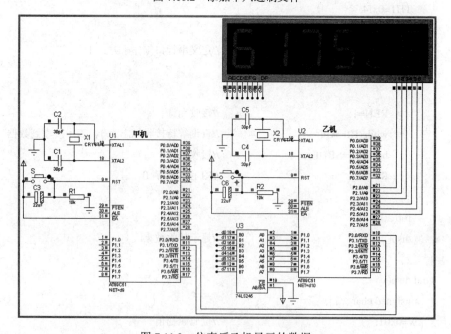

图 7.11.3　仿真后乙机显示的数据

# 7.12　单片机课程设计

## 7.12.1　数字频率计

### 1. 设计题目

利用 51 单片机设计一个简易频率计，要求如下：

(1) 测量范围为 1 Hz～9999 Hz，误差在 20 Hz 以内。

(2) 用四位数码管显示测量值。

(3) 可测量方波、三角波及正弦波等多种波形。

### 2. 设计过程

本数字频率计采用单片机的定时器 T0，工作于计数状态，P2 口控制四位数码管段码显示，P0 口控制四位数码管位码，其实训图如图 7.12.1 所示，所用元件清单如表 7.12.1 所示。

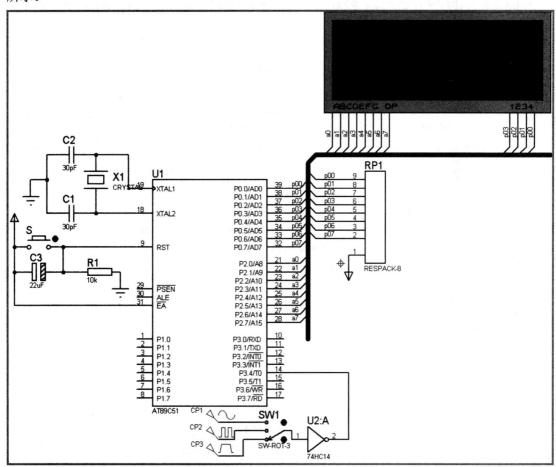

图 7.12.1　数字频率计课程设计实训图

**表 7.12.1 数字频率计课程设计元件清单**

| 元件名 | 类 | 子类 | 数量 | 参数 | 备注 |
|---|---|---|---|---|---|
| AT89C51 | Microprocessor ICs | 8051 Family | 1 | | 单片机 |
| CRYSTAL | Miscellaneous | | 1 | 12 MHz | 晶振 |
| CAP | Capacitors | Generic | 2 | 30 pF | 电容 |
| CAP-ELEC | Capacitors | Generic | 1 | 22 μF | 极性电容 |
| RES | Resistors | Generic | 1 | 10 kΩ | 电阻 |
| BUTTON | Switches and Relays | Switches | 1 | | 按钮 |
| 74HC14 | TTL 74HC series | Gates&Inverts | 1 | | 非门 |
| SW-ROT-3 | Switches & Relays | Switches | 1 | | 单刀三掷开关 |
| RESPACK-8 | Resistors | Resistor Packs | 1 | | 电阻排 |
| 7SEG-MPX4-CC | Optoelectronics | | 1 | | 四位数码管 |

在上述电路图中，单刀三掷开关可选择正弦波、矩形波、三角波外部输入信号，74HC14 为带施密特整形功能的非门，可将正弦波、三角波信号整形为矩形波信号，输入到 AT89C51 的 P3.4 作为计数脉冲输入端，P2.0～P2.7 控制四位数码管段码 A～DP，P0.0～P0.3 控制四位数码管位码。其程序代码为：

```
#include<reg51.h>                      //头文件
#include<intrins.h>                    //头文件
#define  uchar  unsigned  char         //宏定义
#define  uint   unsigned   int         //宏定义
sfr16    DPTR=0x82;                     //定义 DPTR
bit status_F=1;                        //状态标志位
uint aa, qian, bai,shi,ge,bb,wan,shiwan; //定义变量
uchar cout;
unsigned long temp;                    //定义长整型变量
uchar code table[]={0x3f,0x06,0x5b,0x4f,0x66,0x6d,0x7d,0x07,0x7f,0x6f,
                0x77,0x7c,0x39,0x5e,0x79,0x71};
void   delay(uint z);                  //子函数声明
void   init( );
void   display(uint qian,uint bai,uint shi,uint ge);
void   xtimer0( );
void   xtimer1( );
void   xint0( );
void   main( )                         //主函数
{
        P0=0xFF;                       //初始化 P0 口
        init( );                       //调用定时器，计数器初始化
        while(1)
        {
```

```
          if(aa==19)                        //定时 20*50ms=1s
          {
             aa=0;                          //定时完成一次后清 0
             status_F=1;                    //完成计数
             TR1=0;                         //关闭 T1 定时器，定时 1 s 完成
             delay(46);                     //延时校正误差
             TR0=0;                         //关闭 T0
             DPL=TL0;                       //计数量的低 8 位
             DPH=TH0;                       //计数量的高 8 位
             temp=DPTR+cout*65535;          //计数值放入变量
             qian=temp%10000/1000;          //显示千位
             bai=temp%1000/100;             //显示百位
             shi=temp%100/10;               //显示十位
             ge=temp%10;                    //显示个位
          }
          display(qian,bai,shi,ge);         //调用显示函数
     }
}
void    init( )                             //定时器，计数器初始化
{
       temp=0;                              //变量赋初值
       aa=0;
       cout=0;
       IE=0X8A;                             //开中断，T0，T1 中断
       TMOD=0x15;                           //T0 为定时器工作于方式 1，T1 为计数器工作于方式 1
       TH1=0x3c;                            //定时器赋高 8 初值，12 MHz 晶振
       TL1=0xb0;                            //定时器赋低 8 初值，12 MHz 晶振
       TR1=1;                               //开定时器 1
       TH0=0;                               //计数器赋高 8 初值
       TL0=0;                               //计数器赋低 8 初值
       TR0=1;                               //开计数器 0
}
void    display(uint qian,uint bai,uint shi,uint ge)      //显示子函数
{
       P0=0xf7;                             //P0 口是位选端
       P2=table[qian];                      //显示千位
       delay(3);
       P0=0xfb;                             //P0 口是位选端
       P2=table[bai];                       //显示百位
       delay(3);
```

```
        P0=0xfd;                    //P0 口是位选端
        P2=table[shi];              //显示十位
        delay(3);
        P0=0xfe;                    //P0 口是位选端
        P2=table[ge];               //显示个位
        delay(3);
}
void    xtimer1( )    interrupt 3   //定时中断子函数
{
        TH1=0x3c;                   //定时器赋高 8 初值
        TL1=0xb0;                   //定时器赋低 8 初值
        aa++;
}
void    xtimer0( )    interrupt 1   //计数器中断子函数
{
        cout++;
}
void    delay(uint z)               //延时子函数, 延时 1 ms
{
        uint i,j;
        for(i=0;i<z;i++)
           for(j=0;j<110;j++);
}
```

　　在 KEIL 软件中输入上述代码, 编译后产生十六进制文件 7-12-1.hex, 双击 AT89C51, 将弹出如图 7.12.2 所示的对话框。在图 7.12.2 中添加十六进制文件 7-12-1.hex, 点击 "OK" 即可。

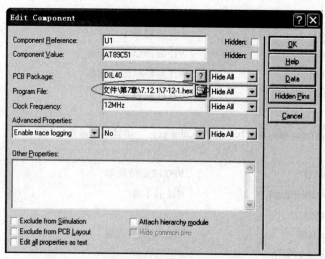

图 7.12.2　添加十六进制文件

　　双击正弦波信号源 CP1，在弹出的对话框中设置其幅值为 4 V，频率为 1 kHz。开始仿真，数码管上显示的频率值为 998 Hz，如图 7.12.3 所示。同理，设置矩形波和三角波的频率分别为 1234 Hz 及 1 Hz，拨动单刀三掷开关，四位数码管显示的频率分别为 1231 Hz 及 1 Hz，如图 7.12.4 和图 7.12.5 所示，均符合课程设计题目要求。

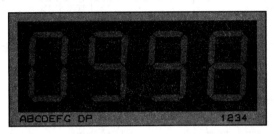

图 7.12.3　显示正弦波信号频率值

图 7.12.4　显示方波信号频率值

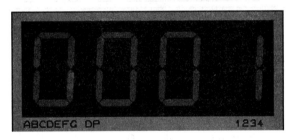

图 7.12.5　显示三角波信号频率值

## 7.12.2　波形发生器

### 1. 设计题目

利用 51 单片机设计一个简易波形发生器，要求如下：

(1) 可输出锯齿波、三角波、方波和正弦波四种波形；

(2) 上述四种波形分别由开关 S0～S3 进行切换；

(3) 可由程序控制各种波形的频率及幅值。

### 2. 设计过程

　　本波形发生器采用 AT89C51 单片机实现，采用程序设计方法编程实现锯齿波、三角波、方波和正弦波四种波形，再通过 D/A 转化器 DAC0832 将数字信号转换成模拟信号，最后经过运算放大器放大，由示波器显示所需要的波形，各种波形频率及幅值可由程序控制。其实训图如图 7.12.6 所示，所用元件清单如表 7.12.2 所示。

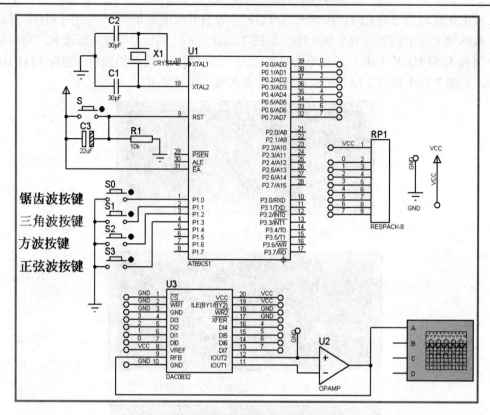

图 7.12.6　波形发生器课程设计实训图

表 7.12.2　波形发生器课程设计实训元件清单

| 元件名 | 类 | 子类 | 数量 | 参数 | 备注 |
|---|---|---|---|---|---|
| AT89C51 | Microprocessor ICs | 8051 Family | 1 | | 单片机 |
| CRYSTAL | Miscellaneous | | 1 | 12 MHz | 晶振 |
| CAP | Capacitors | Generic | 2 | 30 pF | 电容 |
| CAP-ELEC | Capacitors | Generic | 1 | 22 μF | 极性电容 |
| RES | Resistors | Generic | 1 | 10 kΩ | 电阻 |
| BUTTON | Switches and Relays | Switches | 5 | | 按钮 |
| RESPACK-8 | Resistors | Resistor Packs | 1 | | 电阻排 |
| DAC0832 | Data Converters | D/A Converters | 1 | | 数/转换器 |
| OPAMP | Operational Amplifiers | Ideal | 1 | | 运算放大器 |

　　在上述电路图中，开关 S0～S3 分别为四种波形的控制键，利用单片机 P0 口将 8 位数字量与数/模转换芯片 DAC0832 连接，数/模转换后经运算放大器 OPAMP 进行放大，最后在示波器的 A 通道显示所需要的波形。图中各器件的连接多采用网络标号连接。其程序代码为：

```
#include<reg51.h>
#define uchar unsigned char
sbit ksaw=P1^0;            //锯齿波按键
```

```
sbit ktran=P1^1;              //三角波按键
sbit ksquare=P1^2;            //方波按键
sbit ksin=P1^3;               //正弦波按键
void delay( );
uchar code tab[128]={64,67,70,73,76,79,82,85,88,91,94,96,99,102,104,106,
                     109,111,113,115,117,118,120,121,123,124,125,126,126,
                     127,127,127,127,127,127,127,126,126,125,124,123,121,
                     120,118,117,115,113,111,109,106,104,102,99,96,94,91,
                     88,85,82,79,76,73,70,67,64,60,57,54,51,48,45,42,39,
                     36,33,31,28,25,23,21,18,16,14,12,10,9,7,6,4,3,2,1,
                     1,0,0,0,0,0,0,0,1,1,2,3,4,6,7,9,10,12,14,16,18,21,23,
                     25,28,31,33,36,39,42,45,48,51,54,57,60};//正弦波数据
void delay( )
{
   uchar i;
   for(i=0;i<255;i++);
}
void saw(void)                //锯齿波
{
  uchar i;
  while(1)
  {
   for(i=0;i<255;i++)
   P0=i;
   if(ksaw==0)
   delay( );
   if(ksaw==0)
   {
     while(ksaw==0);
     break;
   }
  }
}
void tran(void)               //三角波
{
  uchar i;
  while(1)
  {
   for(i=0;i<255;i++)
```

```
    P0=i;
    for(i=255;i>0;i--)
    P0=i;
    if(ktran==0)
      delay( );
      if(ktran==0)
      {
        while(ktran==0);
        break;
      }
    }
}
void square(void)                //方波
{
    while(1)
    {
    P0=0x00;
    delay();
    P0=0xff;
    delay();
    if(ksquare==0)
      delay( );
      if(ksquare==0)
      {
        while(ksquare==0);
            break;
      }
    }
}
void sin( )                //正弦波
{
    unsigned int   i;
    while(1)
    {
    if(++i==128)i=0;
    P0=tab[i];
    if(ksin==0)
      delay( );
      if(ksin==0)
```

```
        {
            while(ksin==0);
            break;
        }
    }
}
void main(void)              //主函数
{
    if(ksaw==0)
    {
      delay( );
      if(ksaw==0)
      {
        while(ksaw==0);
        saw( );
      }
    }
    if(ktran==0)
    {
      delay( );
      if(ktran==0)
      {
        while(ktran==0);
        tran( );
      }
    }
    if(ksquare==0)
    {
      delay( );
      if(ksquare==0)
      {
        while(ksquare==0);
        square( );
      }
    }
    if(ksin==0)
    {
      delay();
      if(ksin==0)
```

```
    {
        while(ksin==0);
        sin( );
    }
    }
    }
```

在 KEIL 软件中输入上述代码，编译后产生十六进制文件 7-12-2.hex，双击 AT89C51，将弹出如图 7.12.7 所示的对话框。在图 7.12.7 中添加十六进制文件 7-12-2.hex，点击"OK"即可。

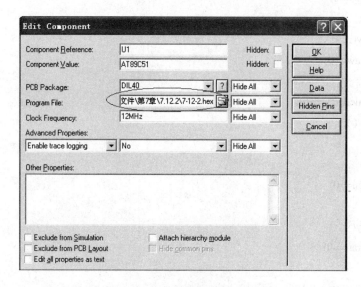

图 7.12.7　添加十六进制文件

开始仿真，点击按键 S0，则示波器上显示锯齿波波形，如图 7.12.8 所示。

图 7.12.8　锯齿波波形

若要再显示其它波形，需再次按下 S0 键，待锯齿波波形消失后按下 S1 键，示波器上将显示三角波波形，如图 7.12.9 所示。

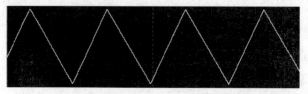

图 7.12.9　三角波波形

同理，若要显示方波波形，需再次按下 S1 键，待三角波波形消失后按下 S2 键，示波器上将显示方波波形，如图 7.12.10 所示。

图 7.12.10　方波波形

若要显示正弦波波形，需先按下 S2 键，待方波波形消失后，按下 S3 键，示波器上将显示正弦波波形，如图 7.12.11 所示。

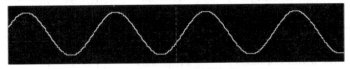

图 7.12.11　正弦波波形

### 7.12.3　多功能电子万年历

**1. 设计题目**

利用 51 单片机设计一个电子万年历，要求如下：

(1) 电子万年历采用时钟芯片 DS1302 设计；

(2) 利用 LM016L 显示年、月、日、星期、时、分、秒；

(3) 能进行调时功能。

**2. 设计过程**

本多功能电子万年历设计采用 AT89C51 单片机，利用 DS1302 时钟芯片及 LM016L 液晶实现并显示万年历，其实训图如图 7.12.12 所示，所用元件清单如表 7.12.3 所示。

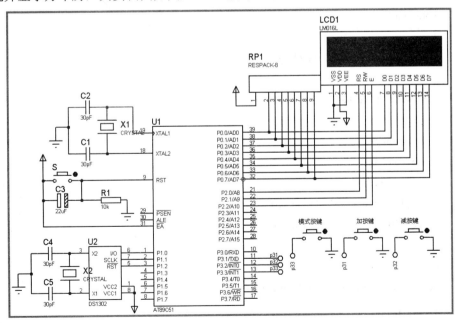

图 7.12.12　多功能万年历课程设计实训图

表 7.12.3　多功能万年历课程设计实训元件清单

| 元件名 | 类 | 子类 | 数量 | 参数 | 备注 |
|---|---|---|---|---|---|
| AT89C51 | Microprocessor ICs | 8051 Family | 1 | | 单片机 |
| CRYSTAL | Miscellaneous | | 2 | 12 MHz | 晶振 |
| CAP | Capacitors | Generic | 4 | 30 pF | 电容 |
| CAP-ELEC | Capacitors | Generic | 1 | 22 μF | 极性电容 |
| RES | Resistors | Generic | 1 | 10 kΩ | 电阻 |
| BUTTON | Switches and Relays | Switches | 4 | | 按钮 |
| RESPACK-8 | Resistors | Resistor Packs | 1 | | 电阻排 |
| LM016L | Optoelectronics | Alphanumeric LCDs | 1 | | 液晶 |
| DS1302 | Microprocessor ICs | Peripherals | 1 | | 时钟芯片 |

在上述电路图中，DS1302 的 I/O、SCLK、$\overline{\text{RST}}$ 分别与单片机的 P1.0～P1.2 连接，单片机的 P2.0 控制液晶数据和指令选择控制端(RS)，P2.1 控制读/写控制线(RW)，P2.2 控制数据读/写操作控制位(E)，P0 控制 8 位数据线，外加上拉电阻，P3.1～P3.3 为调时功能键，其中 P3.3 为模式按键，P3.2 为减按键，P3.1 为加按键，图中部分器件的连接采用网络标号连接。其部分程序代码为：

```
#include   "reg51.h"
#include   "intrins.h"
#include   "absacc.h "
#include   "define.h "
#include   "ds1302.h "
#include   "lcd1602.h "
void init( )
{
    lcd_1602_str(0,table1,0,table2);
}
void write_sfm(uchar add ,uchar date)
{
    uchar shi,ge;
    shi=date/10;
    ge=date%10;
    lcd_1602_num(19,shi,3+add,shi);
    lcd_1602_num(19,shi,4+add,ge);
}
//在 lcd 上刷新年月日
void write_nyr(uchar add ,uchar date)
{
    uchar shi,ge;
```

```
    shi=date/10;
    ge=date%10;
    lcd_1602_num(1+add,shi,19,shi);
    lcd_1602_num(2+add,ge,19,shi);
}
void set_time( )
{
  s1=1;
  s2=1;
  s3=1;
  if(s3_num==0)
      write_com(0x0c);                //不开光标闪烁
  else
      write_com(0x0e);                //开光标闪烁
  if(s3==0)
    {
      delay(600);
      s3_num++;
      while(!s3);
        if(s3_num>=8)
        {
            s3_num=0;
        }
    }
    /////////////////秒/////////////////
    if(s3_num==1)
    {
        write_com(0x80+0x40+11);
        if(s1==0)
        {
            delay(100);             //去抖
            if(s1==0){
              s++;
              if(s>=60)
              s=0;
              write_sfm(7,s);        //实时显示
              wr_addr(0x80,s/10*16+s%10);
            }
        }
    }
```

```
            while(!s1);                        //等待按键释放
                if(s2==0)
            {
                    delay(100);                //去抖
                    if(s2==0){
                        s--;
                        if(s>=60)
                        s=59;
                        write_sfm(7,s);          //实时显示
                        wr_addr(0x80,s/10*16+s%10);
                    }
            }
            while(!s2);
        }
/////////////////////分/////////////////////////
    if(s3_num==2)
        {
        write_com(0x80+0x40+8);
        if(s1==0)                   //加
        {
            delay(100);             //去抖
            if(s1==0){
                m++;
                if(m>=60)
                m=0;
                write_sfm(4,m);        //实时显示
                wr_addr(0x82,m/10*16+m%10);
            }
        }
        while(!s1);                 //等待按键释放
        if(s2==0)
        {
            delay(100);             //去抖
            if(s2==0){
            m--;
            if(m>=60)
            m=59;
            write_sfm(4,m);         //实时显示
            wr_addr(0x82,m/10*16+m%10);
```

```
                    }
                }
            while(!s2);                    //等待按键释放
        }
//////////////////////时//////////////////////
        if(s3_num==3)
        {
            write_com(0x80+0x40+5);
            if(s1==0)
            {
                    delay(100);            //去抖
                    if(s1==0){
                        h++;
                        if(h>=24)
                        h=0;
                        write_sfm(1,h);    //实时显示
                        wr_addr(0x84,h/10*16+h%10);
                    }
                }
            while(!s1);                    //等待按键释放
            if(s2==0)
            {
                    delay(100);            //去抖
                    if(s2==0){
                        h--;
                        if(h>=23)
                        h=23;
                        write_sfm(1,h);    //实时显示
                        wr_addr(0x84,h/10*16+h%10);
                    }
                }
            while(!s2);                    //等待按键释放
        }
//////////////////////星期//////////////////////
        if(s3_num==4)
        {
            write_com(0x80+13);
            if(s1==0)
            {
```

```
            delay(100);//去抖
            if(s1==0){
            xinqi++;
            if(xinqi>=8)
            xinqi=1;
            if(xinqi==1)
            lcd_1602_t(13,xq1,19,xq1);
            if(xinqi==2)
            lcd_1602_t(13,xq2,19,xq1);
        if(xinqi==3)
            lcd_1602_t(13,xq3,19,xq1);
        if(xinqi==4)
            lcd_1602_t(13,xq4,19,xq1);
        if(xinqi==5)
            lcd_1602_t(13,xq5,19,xq1);
        if(xinqi==6)
            lcd_1602_t(13,xq6,19,xq1);
        if(xinqi==7)
            lcd_1602_t(13,xq7,19,xq1);
            }
    }
        while(!s1);          //等待按键释放
        if(s2==0)
    {
            delay(100);          //去抖
            if(s2==0){
            xinqi--;
             if(xinqi>=8)
                 xinqi=7;
        if(xinqi==1)
            lcd_1602_t(13,xq1,19,xq1);
        if(xinqi==2)
            lcd_1602_t(13,xq2,19,xq1);
        if(xinqi==3)
            lcd_1602_t(13,xq3,19,xq1);
        if(xinqi==4)
            lcd_1602_t(13,xq4,19,xq1);
        if(xinqi==5)
            lcd_1602_t(13,xq5,19,xq1);
```

```
                if(xinqi==6)
                    lcd_1602_t(13,xq6,19,xq1);
                if(xinqi==7)
                    lcd_1602_t(13,xq7,19,xq1);
                        }
                    }
                while(!s2);                //等待按键释放
            }
///////////////////////设置日///////////////////////////////
if(s3_num==5)
        {
            write_com(0x80+10);
            if(s1==0)
              {
                    delay(100);          //去抖
                    if(s1==0){
                    d++;
                    if(d>=32)
                    d=1;
                    write_nyr(8,d);       //实时显示
                    wr_addr(0x86,d/10*16+d%10);
                    }
                }
                    while(!s1);           //等待按键释放
                if(s2==0)
              {
                    delay(100);          //去抖
                    if(s2==0){
                    d--;
                    if(d>=32)
                    d=31;
                    write_nyr(8,d);       //实时显示
                    wr_addr(0x86,d/10*16+d%10);
                    }
                }
                    while(!s2);           //等待按键释放
            }
///////////////////////设置月///////////////////////////////
        if(s3_num==6)
```

```
            {
                write_com(0x80+7);
                if(s1==0)
            {
                    delay(100);              //去抖
                    if(s1==0){
                    Mw++;
                    if(Mw>=13)
                    Mw=1;
                    write_nyr(5,Mw);         //实时显示
                    wr_addr(0x88,Mw/10*16+Mw%10);
                    }
            }
                while(!s1);                  //等待按键释放
                if(s2==0)
            {
                delay(100);                  //去抖
                if(s2==0){
                    Mw--;
                    if(Mw>=13)
                    Mw=12;
                    write_nyr(5,Mw);         //实时显示
                    wr_addr(0x88,Mw/10*16+Mw%10);
                    }
            }
                while(!s2);                  //等待按键释放
            }
        ///////////////////////设置年///////////////////////////////////
            if(s3_num==7)
            {
                write_com(0x80+4);
                if(s1==0)
                {
                    delay(100);              //去抖
                    if(s1==0){
                        y++;
                        if(y>=100)
                        y=1;
                        write_nyr(2,y);      //实时显示
```

```
          wr_addr(0x8c,y/10*16+y%10);
            }
        }
        while(!s1);                    //等待按键释放
          if(s2==0)
    {
        delay(100);                    //去抖
          if(s2==0){
          y--;
           if(y>=100)
          y=99;
          write_nyr(2,y);              //实时显示
          wr_addr(0x8c,y/10*16+y%10);
            }
        }
        while(!s2);                    //等待按键释放
    }
  }
//读时钟
void r_x( )
{
s=rd_addr(0x81);
s=s/16*10+s%16;
m=rd_addr(0x83);
m=m/16*10+m%16;
h=rd_addr(0x85);
h=h/16*10+h%16;
y=rd_addr(0x8d);
y=y/16*10+y%16;
Mw=rd_addr(0x89);
Mw=Mw/16*10+Mw%16;
d=rd_addr(0x87);
d=d/16*10+d%16;
if((s==0)&(m==0)&(h==0))              //每当时间到了零点，星期自动修正，加一
{
        delay(1800);
         xinqi++;
        if(xinqi>=8)
```

```
            xinqi=1;
              if(xinqi==1)
                 lcd_1602_t(13,xq1,19,xq1);
              if(xinqi==2)
                 lcd_1602_t(13,xq2,19,xq1);
              if(xinqi==3)
                 lcd_1602_t(13,xq3,19,xq1);
              if(xinqi==4)
                 lcd_1602_t(13,xq4,19,xq1);
              if(xinqi==5)
                 lcd_1602_t(13,xq5,19,xq1);
              if(xinqi==6)
                 lcd_1602_t(13,xq6,19,xq1);
              if(xinqi==7)
                 lcd_1602_t(13,xq7,19,xq1);
       }
    write_sfm(7,s);
    write_sfm(4,m);
    write_sfm(1,h);
    write_nyr(2,y);
    write_nyr(5,Mw);
    write_nyr(8,d);
    }
    void main ( )
    {
     init();
     TMOD=0x01;
     TH0=(65535-60000)/256;
     TL0=(65535-60000)%256;
     EA=1;
     ET0=1;
    while(1)
    {
      if(s3_num==0)
       r_x();
      set_time( );
    }
    }
     void    T0_timer ( ) interrupt   1
```

```
    {
    TH0=(65535-60000)/256;
    TL0=(65535-60000)%256;
     time++;
     if(time==3)
     {
        flag++;
         time=0;
       if(flag%2==1)
       {
           write_com(0x80+0x40+6);
           write_data(' ');
           write_com(0x80+0x40+9);
           write_data(' ');
        }
       if(flag%2==0)
       {
           write_com(0x80+0x40+6);
           write_data(':');
           write_com(0x80+0x40+9);
           write_data(':');
        }
      }
     }
    }
```

在 KEIL 软件中输入上述代码，编译后产生十六进制文件 7-12-3.hex，双击 AT89C51，将弹出如图 7.12.13 所示的对话框。在图 7.12.13 中添加十六进制文件 7-12-3.hex，点击"OK"即可。

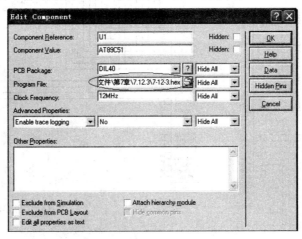

图 7.12.13　添加十六进制文件

开始仿真，可达到课程设计的要求，并具有调时功能。

## 7.12.4　四路抢答器

### 1. 设计题目

以单片机 AT89C51 为控制核心，设计一个简易的四路抢答器。要求实现的功能如下：

(1) 抢答器可同时供 4 位选手或 4 个代表队比赛，分别用 4 个按键 S1～S4 进行抢答。

(2) 主持人控制"开始"及"停止"键。在主持人未按"开始"键前，若有选手抢答则为非法抢答，此时四个数码管依次显示"犯规队员编号+EEE"，其他队员按键也将不能响应，直至主持人按"停止"键后系统重新进入准备状态。

(3) 主持人按下"开始"键，数码管显示"0000"表示开始抢答，若有选手进行抢答，则第一个数码管显示抢答者的编号，后两个数码管显示答题时间(30 s)并倒计时，若回答超时则显示"FF"。倒计时期间，若选手回答完毕，则主持人按下"停止"键，系统会自动进入准备状态。

### 2. 设计过程

抢答器在正常工作情况下，首先对控制系统进行初始化(包括定时器初始化及设置显示初值)，然后进行键盘扫描，判断主持人是否按下了"开始"键。若没有按下则执行非法抢答查询程序，判断是否有选手发生抢答并作出相应处理；如果主持人按下"开始"键则进入正常抢答查询程序。若有选手成功抢答则显示其编号并进入回答倒计时。在抢答过程中，如果出现非法抢答，或正常抢答并回答完毕，则主持人均可通过按下"停止"键，控制系统重新进入准备状态。其实训图如图 7.12.14 所示，所用元件清单如表 7.12.4 所示。

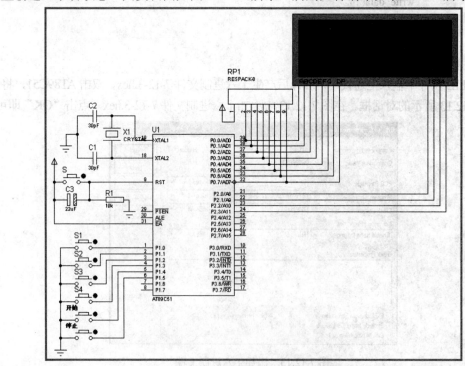

图 7.12.14　四路抢答器课程设计实训图

**表 7.12.4 四路抢答器课程设计实训元件清单**

| 元件名 | 类 | 子类 | 数量 | 参数 | 备注 |
|---|---|---|---|---|---|
| AT89C51 | Microprocessor ICs | 8051 Family | 1 | | 单片机 |
| CRYSTAL | Miscellaneous | | 1 | 12 MHz | 晶振 |
| CAP | Capacitors | Generic | 2 | 30 pF | 电容 |
| CAP-ELEC | Capacitors | Generic | 1 | 22 μF | 极性电容 |
| RES | Resistors | Generic | 1 | 10 kΩ | 电阻 |
| BUTTON | Switches and Relays | Switches | 6 | | 按钮 |
| RESPACK-8 | Resistors | Resistor Packs | 1 | | 电阻排 |
| 7SEG-MPX4-CC | Optoelectronics | | 1 | | 四位数码管 |

由于本设计所需要的按键较少，因此采用独立式按键来处理。上述电路图中，显示部分采用四个共阳极数码管，通过动态显示方式显示。如图 7.12.14 所示，P1.0～P1.3 为四路抢答输入端口，P1.4～P1.5 分别为"开始"及"停止"输入端口，P0 口控制四个数码管的段码输出，P2.0～P2.3 从左到右依次控制四个数码管的位码输出。其程序代码为：

```
#include "reg51.h"                    //调用头文件
#define uchar unsigned char           //宏定义
#define uint unsigned int
void display(uchar n,uchar t);        //抢答显示函数
void display2( );                     //开始显示函数
void delay_ms(uchar n);               //ms 延时函数
sbit key1 = P1^0;                     //定义四个按键，作为四组的抢答器
sbit key2 = P1^1;
sbit key3 = P1^2;
sbit key4 = P1^3;
sbit keystart = P1^4;                 //定义主持人控制按键
sbit keystop  = P1^5;
bit   flog=0;                         //标志位
bit   ture=1;
uchar code led[12]={0xc0,0xf9,0xa4,0xb0,0x99,0x92,0x82,0xf8,0x80,0x90,0x86,
                 0x8e};               //0～9,E,F 显示字码
char     o=0,p=0;                     //定义全局变量，用于保存显示地址
uchar    tcount=0,second=0;           //实现秒计时
void     main( )
{
        uchar m;
        TMOD=0x01;                    //设置定时器 T0 为工作方式 1
        TH0=(65536-50000)/256;        //设置 T0 计时器初值，实现 50 ms
        TL0=(65536-50000)%256;
```

```
        ET0=1;                          //开启 T0 中断
        EA=1;                           //开启总中断
        P2=0x00;                        //关闭数码管位选
        while(1)
        {
          if(!keystart)                 //开始按键按下，进入 if
          {
              o=0;                      //倒计时显示变量赋初值
              p=3;
              tcount=0;                 //计时变量清零
              second=0;
              ture=1;                   //标志位置高，进入 while
              while(ture==1)
              {
                  display2();           //调用开始显示函数
                  if(!key1)   { m=1; flog=1;TR0=1;}   //第 1 组按下
                  else if(!key2){ m=2; flog=1;TR0=1;} //第 2 组按下
                  else if(!key3){ m=3; flog=1;TR0=1;} //第 3 组按下
                  else if(!key4){ m=4; flog=1;TR0=1;} //第 4 组按下
                  while(flog)           //有键按下，进入 while
                  {
                      display(m,1);     //显示组号，并开始 30 s 倒计时
                      if(!keystop)      //回答完毕，主持人复位
                      {
                          flog=0;       //标志位置低，退出 while
                          P2=0x00;      //关闭数码管位选
                          TR0=0;        //关闭 T0 计时器
                      }
                      if(o==0 && p==0)  //倒计时完毕，回答超时
                      {
                          TR0=0;        //关闭 T0 计时器
                          o=p=11;       //送显示地址
                          while(1)
                          {
                              display(m,1);  //显示组号加超时标志 FF
                              if(!keystop)   //主持人复位
                              {
                                  flog=0;    //标志位置低，退出 while
                                  P2=0x00;   //关闭数码管位选
```

```
                        }
                    break;                        //进入 if 后用于跳出 while
                }
            }
                ture=0;                           //标志位置低，退出 while
            }
        }
    else                                          //开始按键未按下
    {
        if(!key1)      { m=1; flog=1;}            //第 1 组按下
        else if(!key2){ m=2; flog=1;}            //第 2 组按下
        else if(!key3){ m=3; flog=1;}            //第 3 组按下
        else if(!key4){ m=4; flog=1;}            //第 4 组按下
        while(flog)                               //有键按下，进入 while
        {
            display(m,0);                         //显示组号加抢答标志 EE
            if(!keystop) flog=0;                  //主持人复位
            P2=0x00;                              //关闭数码管位选
        }
    }
  }
}
void intz() interrupt 1                           //50 毫秒定时器 T0 中断入口
{
    TH0=(65535-50000)/256;                        //重赋定时器初值高位
    TL0=(65535-50000)%256;                        //重赋定时器初值低位
    tcount++;                                     //定时器中断计数器加 1
    if(tcount==20)                                //计数 20 次为 1 s
    {
        tcount=0;                                 //清零定时器中断计数器
        second++;                                 //秒计时加 1
        o--;                                      //显示个位减 1
        if(o<0)                                   //o 变为 0，则十位 p 减 1，本身重新赋值为 9
        {
            p--;
            o=9;
        }
    }
```

```
    }
    void display(uchar n,uchar t)
    {
        if(t==0)
        {
            uchar i,w;
            w=0x01;
            P2=0x00;                    //关闭数码管位选
            P0=led[n];                  //数码管列送数据
            P2=w;                       //打开数码管位选
            delay_ms(5);                //延时
            for(i=0;i<3;i++)            //for 实现 EEE 显示的动态扫描
            {
                w<<=1;
                P2=0x00;
                P0=led[10];
                P2=w;
                delay_ms(5);
            }
        }
        else
        {
            P2=0x00;
            P0=led[n];                  //显示组号
            P2=0x01;
            delay_ms(5);
            P2=0x00;
            P0=led[p];                  //倒计时十位显示
            P2=0x04;
            delay_ms(5);
            P2=0x00;
            P0=led[o];                  //倒计时个位显示
            P2=0x08;
            delay_ms(5);
        }
    }
    void display2( )                    //实现 4 个数码管显示 0 的动态扫描
    {
        uchar i,w;
```

```
    w=0x01;
    for(i=0;i<4;i++)
    {
        P2=0x00;
        P0=led[0];
        P2=w;
        delay_ms(5);
        w<<=1;
    }
}
void delay_ms(uchar n)              //延时函数
{
    uchar i,j;
    for(i=n;i>0;i--)
        for(j=110;j>0;j--);
}
```

在 KEIL 软件中输入上述代码，编译后产生十六进制文件 7-12-4.hex，双击 AT89C51，将弹出如图 7.12.15 所示的对话框。在图 7.12.15 中添加十六进制文件 7-12-4.hex，点击"**OK**"即可。

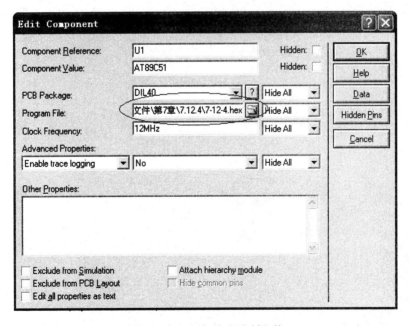

图 7.12.15　添加十六进制文件

开始仿真，在 PROTEUS 环境中，若无任何按键按下，则四个数码管均无显示。若"开始"键未按下前有选手非法抢答，则会显示图 7.12.16(以 2 号选手为例)。

若主持人按下"开始"键，则如图 7.12.17 所示，表示可以开始抢答。

图 7.12.16　数码管显示一

图 7.12.17　数码管显示二

若此时 2 号选手抢答成功，则显示如图 7.12.18 所示。

若 2 号选手回答超时，则显示如图 7.12.19 所示。

图 7.12.18　数码管显示三

图 7.12.19　数码管显示四

# 附录 A　PROTEUS 元件库

## 1．Analog ICs(模拟集成器件，共 9 个分类)

| 子　类 | 含　义 |
| --- | --- |
| Amplifier | 放大器 |
| Comparators | 比较器 |
| Display Drivers | 显示驱动器 |
| Filters | 滤波器 |
| Miscellaneous | 混杂器件 |
| Multiplexers | 多路复用器 |
| Regulators | 三端集成稳压器 |
| Timers | 定时器 |
| Voltage References | 参考电压 |

## 2．Capacitors(电容，共 27 个分类)

| 子　类 | 含　义 |
| --- | --- |
| Animated | 可显示充放电电荷的电容 |
| Audio Grade Axial | 音响专用电容 |
| Axial Lead polypropene | 径向轴引线聚丙烯电容 |
| Axial Lead polystyrene | 径向轴引线聚苯乙烯电容 |
| Ceramic Disc | 陶瓷圆片电容 |
| Decoupling Disc | 解耦圆片电容 |
| Electrolytic Aluminum | 电解铝电容 |
| Generic | 普通电容 |
| High Temp Radial | 高温径向电容 |
| High Tempature Aixal Electrolytic | 高温径向电解电容 |
| Metallised Polyester Film | 金属聚酯模电容 |
| Metallised polypropene | 金属聚丙烯电容 |
| Metallised Polypropene Film | 金属聚丙烯模电容 |
| Mica RF Specific | 云母射频特性电容 |
| Miniture Electrolytic | 微型电解电容 |
| Multilayer Ceramic | 多层陶瓷电容 |
| Mylar Film | 聚酯薄膜电容 |
| Nickel Barrier | 镍栅电容 |
| Non Polarised | 无极性电容 |

| Polyester Layer | 聚酯层电容 |
|---|---|
| Radial Electrolytic | 径向电解电容 |
| Resin Dipped | 树脂蚀刻电容 |
| Tantalum Bead | 钽珠电容 |
| Tantalum SMD | 钽珠表面电容 |
| Variable | 可变电容 |
| VX Axial Electrolytic | VX 轴电解电容 |
| Thin Film | 薄膜电容 |

### 3. CMOS 4000 series(CMOS 4000 系列，共 16 个分类)

| 子　类 | 含　义 |
|---|---|
| Adders | 加法器 |
| Buffers & Drivers | 缓冲驱动器 |
| Comparators | 比较器 |
| Counters | 计数器 |
| Decoders | 译码器 |
| Encoders | 编码器 |
| Flip-Flop & Latches | 触发器和锁存器 |
| Frequency Dividers & Timer | 分频和定时器 |
| Gates & Inverters | 门电路和反相器 |
| Memory | 存储器 |
| Misc. Logic | 混杂逻辑电路 |
| Multiplexers | 数据选择器 |
| Multivibrators | 多谐振荡器 |
| Phase-locked Loops(PLL) | 锁相环 |
| Registers | 寄存器 |
| Signal Switcher | 信号开关 |

### 4. Connectors(接头，共 13 个分类)

| 子　类 | 含　义 |
|---|---|
| Audio | 音频接头 |
| D-type | D 型接头 |
| DIL | 双排插座 |
| FFC/FPC Connectors | FFC/FPC 连接器 |
| Header Blocks | 插头 |
| Headers/Receptacles | 插头/插座 |
| IDC Headers | IDC 插头 |
| Miscellaneous | 各种接头 |
| PCB Transfer | PCB 传输接头 |

| PCB Transition Connectors | PCB 转换接头 |
| --- | --- |
| Ribbon Cable | 蛇皮电缆 |
| Terminal Blocks | 接线端子台 |
| USB for PCB Mounting | PCB 安装的接头 |

## 5．Data Converters(数据转换器，共 5 个分类)

| 子　类 | 含　义 |
| --- | --- |
| A/D Converters | 模/数转换器 |
| D/A Converters | 数/模转换器 |
| Light Sensors | 光传感器 |
| Sample & Hold | 采样保持器 |
| Temperature Sensors | 温度传感器 |

## 6．Debugging Tools(调试工具，共 3 个分类)

| 子　类 | 含　义 |
| --- | --- |
| Breakpoint Triggers | 断点触发器 |
| Logic Probes | 逻辑探针 |
| Logic Stimuli | 逻辑状态输入 |

## 7．Doides(二极管，共 9 个分类)

| 子　类 | 含　义 |
| --- | --- |
| Bridge Rectifiers | 整流桥 |
| Generic | 普通二极管 |
| Rectifiers | 整流二极管 |
| Schottky | 肖特基二极管 |
| Swithching | 开关二极管 |
| Transient Suppressors | 瞬态抑制二极管 |
| Tunnel | 隧道二极管 |
| Varicap | 变容二极管 |
| Zener | 稳压二极管 |

## 8．Inductors(电感，共 7 个分类)

| 子　类 | 含　义 |
| --- | --- |
| Fixed Inductors | 固定电感 |
| Generic Inductors | 普通电感 |
| Multilayer Chip Inductors | 多层片式电感 |
| SMT Inductors | 表面安装技术电感 |
| Surface Mount Inductors | 表面贴装电感 |
| Tight Tolerance Inductors | 紧密度容限电感 |
| Transformers | 变压器 |

## 9. Laplace Primitives(拉普拉斯模型，共 7 个分类)

| 子　类 | 含　义 |
| --- | --- |
| 1st Order | 一阶模型 |
| 2nd Order | 二阶模型 |
| Controllers | 控制器 |
| Non-Linear | 非线性模型 |
| Operators | 算子 |
| Poles/Zeros | 极点/零点 |
| Symbols | 符号 |

## 10. Memory ICs(存储器芯片，共 8 个分类)

| 子　类 | 含　义 |
| --- | --- |
| Dynamic RAM | 动态数据存储器 |
| EEPROM | 电可擦除程序存储器 |
| EPROM | 可擦除程序存储器 |
| I2C Memories | I$^2$C 总线存储器 |
| Memory cards | 存储卡 |
| SPI Memories | SPI 总线存储器 |
| Static RAM | 静态数据存储器 |
| UNI/O Memories | UNI/O 存储器 |

## 11. Microprocessors ICs(微处理器芯片，共 16 个分类)

| 子　类 | 含　义 |
| --- | --- |
| 68000 Family | 68000 系列 |
| 8051 Family | 8051 系列 |
| ARM Family | ARM 系列 |
| AVR Family | AVR 系列 |
| BASIC Stamp Modules | Parallax 公司微处理器 |
| DSPIC33 Family | DSPIC33 系列 |
| HC11 Family | HC11 系列 |
| i86 Family | i86 系列 |
| MSP430 Family | MSP430 系列 |
| Peripherals | CPU 外设 |
| PIC 10 Family | PIC 10 系列 |
| PIC 12 Family | PIC 12 系列 |
| PIC 16 Family | PIC 16 系列 |
| PIC 18 Family | PIC 18 系列 |
| PIC 24 Family | PIC 24 系列 |
| Z80 Family | Z80 系列 |

## 12．Modelling Primitives(建模源，共 9 个分类)

| 子　类 | 含　义 |
| --- | --- |
| Analog(SPICE) | 模拟(仿真分析) |
| Digital(Buffers & Gates) | 数字(缓冲器和门电路) |
| Digital(Combinational) | 数字(组合电路) |
| Digital(Miscellaneous) | 数字(混杂电路) |
| Digital(Sequential) | 数字(时序电路) |
| Mixed Mode | 混合模式 |
| PLD Elements | 可编程逻辑器件单元 |
| Realtime Actuators | 实时激励源 |
| Realtime Inddictors | 实时指示器 |

## 13．Operational Amplifiers(运算放大器，共 7 个分类)

| 子　类 | 含　义 |
| --- | --- |
| Dual | 双运放 |
| Ideal | 理想运放 |
| Macromodel | 普通运放 |
| Octal | 八运放 |
| Quad | 四运放 |
| Single | 单运放 |
| Triple | 三运放 |

## 14．Optoelectronics(光电器件，共 13 个分类)

| 子　类 | 含　义 |
| --- | --- |
| 14-Segment Displays | 14 段显示器 |
| 16-Segment Displays | 16 段显示器 |
| 7-Segment Displays | 7 段显示器 |
| Alphanumeric LCDs | 液晶数码显示器 |
| Bargraph Displays | 条形显示器 |
| Dot Matrix Displays | 点阵显示器 |
| Graphical LCDs | 液晶图形显示器 |
| Lamps | 灯 |
| LCD Controllers | 液晶控制器 |
| LCD Panels Displays | 液晶面板显示器 |
| LEDs | 发光二极管 |
| Optocouples | 光电耦合器 |
| Serial LCDs | 串行液晶显示器 |

## 15. Resistors(电阻，共 14 个分类)

| 子　类 | 含　义 |
| --- | --- |
| 0.6W Metal Film | 0.6W 金属膜电阻 |
| 10 Watt Wirewound | 10W 绕线电阻 |
| 2W Metal Film | 2W 金属膜电阻 |
| 3Watt Wirewound | 3W 绕线电阻 |
| 7 Watt Wirewound | 7W 绕线电阻 |
| Chip Resistor | 贴片电阻 |
| Generic | 普通电阻 |
| High Voltage | 高压电阻 |
| NTC | 负温度系数热敏电阻 |
| PTC | 正温度系数热敏电阻 |
| Resistor Network | 电阻网络 |
| Resistor Packs | 排阻 |
| Variable | 电位器 |
| Varisitors | 可变电阻 |

## 16. Simulator Primitives(仿真源，共 3 个分类)

| 子　类 | 含　义 |
| --- | --- |
| Flip-Flops | 触发器 |
| Gates | 门电路 |
| Sources | 电源 |

## 17. Switches and Relays(开关和继电器，共 4 个分类)

| 子　类 | 含　义 |
| --- | --- |
| Keypads | 键盘 |
| Relays(Generic) | 普通继电器 |
| Relays(Specific) | 专用继电器 |
| Switches | 开关 |

## 18. Switching Devices(开关器件，共 4 个分类)

| 子　类 | 含　义 |
| --- | --- |
| DIACs | 两端交流开关 |
| Generic | 普通开关元件 |
| SCRs | 可控硅 |
| TRIACs | 三端双向可控硅 |

## 19. Thermionic Valves(热离子真空管，共 4 个分类)

| 子　类 | 含　义 |
| --- | --- |
| Didoes | 二极管 |
| Pentodes | 五极真空管 |

| Tetrodes | 四极管 |
|---|---|
| Triodes | 三极管 |

## 20. Transducers(传感器，共 5 个分类)

| 子　类 | 含　义 |
|---|---|
| Distance | 距离传感器 |
| Humidity/Temperature | 湿度/温度传感器 |
| Light Dependent Resistor(LDR) | 光敏电阻传感器 |
| Pressure | 压力传感器 |
| Temperature | 温度传感器 |

## 21. Transistors(三极管，共 8 个分类)

| 子　类 | 含　义 |
|---|---|
| Bipolar | 双极型三极管 |
| Generic | 普通三极管 |
| IGBT | 绝缘栅型双极晶体管 |
| JFET | 结型场效应管 |
| MOSFET | 金属氧化物场效应管 |
| RF Power LDMOS | 射频功率 LDMOS 管 |
| RF Power VDMOS | 射频功率 VDMOS 管 |
| Unijunction | 单结晶体管 |

## 22. TTL 74 series(TTL 74 系列，共 12 个分类)

| 子　类 | 含　义 |
|---|---|
| Adders | 加法器 |
| Buffers & Drivers | 缓冲驱动器 |
| Comparators | 比较器 |
| Counters | 计数器 |
| Decoders | 译码器 |
| Encoders | 编码器 |
| Flip-Flop & Latches | 触发器和锁存器 |
| Gates & Inverters | 门电路和反相器 |
| Misc. Logic | 混杂逻辑电路 |
| Multiplexers | 数据选择器 |
| Multivibrators | 多谐振荡器 |
| Registers | 寄存器 |

# 附录 B　PROTEUS 常用元件中英文对照表

| 元件名称 | 中文名 | 元件名称 | 中文名 |
|---|---|---|---|
| 1N4001 | 整流二极管 | CAPACITOR | 电容器 |
| 1N4733A | 稳压二极管 | CELL | 电源 |
| 2764 | 存储器(8K×8) | CONN-SIL2 | 二输入连接器 |
| 2864 | 存储器(2K×8) | CRYSTAL | 晶体振荡器 |
| 2N5551 | NPN 三极管 | DAC0832 | 八位数/模转换器 |
| 2N5771 | PNP 三极管 | DS1302 | 时钟芯片 |
| 2N5772 | NPN 三极管 | DS18B20 | 温度传感器 |
| 40110 | 计数器 | DTFF | D 触发器 |
| 4060 | 计数定时振荡器 | JKFF | JK 触发器 |
| 4543 | 译码器(配共阴/共阳) | DIODE | 二极管 |
| 555 | 定时器 | DIPSW-4 | 四输入拨码开关 |
| 7407 | 驱动门 | DIPSW-9 | 九输入拨码开关 |
| 74HC14 | 非门(带施密特触发) | FUSE | 保险丝 |
| 74HC4024 | 计数器 | INDUCTOR | 电感 |
| 74LS00 | 二输入与非门 | JFET N | N 沟道场效应管 |
| 74LS02 | 二输入或非门 | JFET P | P 沟道场效应管 |
| 74LS04 | 非门 | KEYPAD-SMALLCALC | 计算器 |
| 74LS08 | 二输入与门 | LAMP | 灯 |
| 74LS20 | 四输入与非门 | LED-BARGRAPH-GRN | 条状发光二极管 |
| 74LS27 | 三输入或非门 | LED-BLUE | 蓝色发光二极管 |
| 74LS32 | 二输入或门 | LED-RED | 红色发光二极管 |
| 74LS42 | 二-十进制译码器 | LED-YELLOW | 黄色发光二极管 |
| 74LS47 | 译码器(配共阳) | LAMP-NEON | 启辉器 |
| 74LS48 | 译码器(配共阴) | LM016L | 液晶显示器 |
| 74LS74 | 双 D 触发器 | LM741 | 集成运算放大器 |
| 74LS86 | 二输入异或门 | LOGIC PROBE | 逻辑探针 |
| 74LS90 | 十进制计数器 | LOGICSTATE | 逻辑状态 |
| 74LS138 | 3-8 线译码器 | LOGICTOGGLE | 逻辑触发状态 |
| 74LS147 | 二-十进制编码器 | MOTOR | 电机 |
| 74LS148 | 8-3 线编码器 | MATRIX-8×8-RED | 8×8 点阵 |

续表

| 元件名称 | 中文名 | 元件名称 | 中文名 |
|---|---|---|---|
| 74LS160 | 十进制计数器 | NAND | 与非门 |
| 74LS161 | 二进制计数器 | NOR | 或非门 |
| 74LS192 | 十进制计数器 | NOT | 非门 |
| 74LS194 | 移位寄存器 | NPN | NPN 三极管 |
| 74LS245 | 双向驱动门 | OR | 或门 |
| 74LS248 | 译码器(配共阴) | OP07 | 运算放大器 |
| 74LS373 | 8D 触发器 | OPTOCOUPLER-NAND | 与非门输出光耦 |
| 74LS390 | 双十进制计数器 | PNP | PNP 三极管 |
| 7805 | 三端集成稳压器 | POT | 电位器 |
| 7905 | 三端集成稳压器 | POT-HG | 比例电位器 |
| 7SEG-COM-ANODE | 七段数码管(共阳) | RELAY | 继电器 |
| 7SEG-COM-CATHODE | 七段数码管(共阴) | RES | 电阻 |
| 7SEG-MPX6-CA | 六位七段共阳数码管 | RESISTOR | 电阻器 |
| 7SEG-MPX4-CA | 四位七段共阳数码管 | RESPACK-7 | 七位电阻排 |
| 7SEG-MPX4-CC | 四位七段共阴数码管 | RESPACK-8 | 八位电阻排 |
| ADC0809 | 八位模/数转换器 | RX8 | 双向电阻排 |
| ALTERNATOR | 交流电源 | SCR | 晶闸管 |
| AMMETER | 安培计 | SPEAKER | 扬声器 |
| AM16V8 | 可编程逻辑器件 | SW-DPDT | 双刀双掷开关 |
| AND | 与门 | SW-ROT-3 | 三向开关 |
| ANTENNA | 天线 | SW-SPDT | 单刀双掷开关 |
| AT89C51 | 51 单片机 | SWITCH | 开关 |
| BATTERY | 电源 | TRANSFORMER | 变压器 |
| BRIDGE | 桥堆 | TRAN-2P2S | 变压器 |
| BUTTON | 按钮开关 | TLC2543 | 12 位模/数转换器 |
| BUZZER | 蜂鸣器 | TLC5615 | 10 位数/模转换器 |
| CAP | 电容 | TORCH_LDR | 光敏电阻器 |
| CAP-ELEC | 电解电容 | | |

# 参 考 文 献

[1]　周润景，张丽娜，刘印群. PROTEUS 入门实用教程. 北京：机械工业出版社，2007.

[2]　周润景，张丽娜，丁莉. 基于 PROTEUS 的电路及单片机设计与仿真. 北京：北京航空航天大学出版社，2010.

[3]　周灵彬，任开杰. 基于 Proteus 的电路与 PCB 设计. 北京：电子工业出版社，2010.

[4]　朱清慧，张凤蕊，翟天嵩，等. Proteus 教程电子线路设计、制版与仿真.北京：清华大学出版社，2008.

[5]　谢龙汉，莫衍. Proteus 电子电路设计及仿真. 北京：电子工业出版社，2012.

[6]　徐爱钧. 单片机原理实用教程：基于 Proteus 虚拟仿真. 北京：电子工业出版社，2009.

[7]　侯玉宝，陈忠平，李成群. 基于 Proteus 的 51 系列单片机设计与仿真. 2 版. 北京：电子工业出版社，2012.

[8]　张靖武，周灵彬. 单片机原理、应用与 PROTEUS 仿真. 北京：电子工业出版社，2008.

[9]　刘守义，张永枫. 应用电路分析. 修订版. 西安：西安电子科技大学出版社，2001.

[10]　张永枫，李益民，熊保辉. 电子技能实训教程. 北京：清华大学出版社，2009.

[11]　李源生，李艳新，孙英伟. 电路与模拟电子技术. 2 版. 北京：电子工业出版社，2010.

[12]　陈梓城. 模拟电子技术基础. 北京：高等教育出版社，2006.

[13]　秦曾煌. 电工学下册电子技术. 7 版. 北京：高等教育出版社，2009.

[14]　刘守义，钟苏. 数字电子技术基础.北京：清华大学出版社，2008.

[15]　王静霞. 单片机应用技术. C 语言版. 北京：电子工业出版社，2010.

[16]　深圳职业技术学院电子技术基础教研室. 电路基础训练讲义，2006.

[17]　深圳职业技术学院电子技术基础教研室. 模拟电子技术训练讲义，2006.

[18]　深圳职业技术学院电子技术基础教研室. 数字电子技术训练讲义，2006.

[19]　深圳职业技术学院电子技术基础教研室. 单片机技术基本训练讲义，2006.

[20]　深圳职业技术学院电子技术基础教研室. 电子技术基础训练讲义，2006.